U0185293

语言程序设计教程

张国华　丁海博　张留决　主　编

李钰君　张荣强　杨惠阳　副主编

A Course in Java Language Program
Design

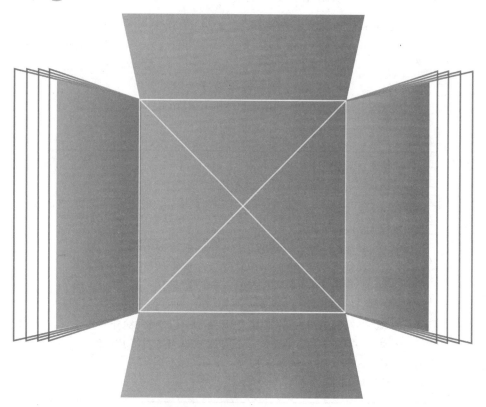

中南大学出版社
www.csupress.com.cn

·长沙·

内 容 简 介

Java语言具有面向对象、与平台无关、安全、稳定和多线程等优良特征,是目前软件设计中极为强大的编程语言。Java已成为网络时代最重要的语言之一。本书注重理论结合实例,从最基本Java语法介绍开始,循序渐进地向读者介绍Java面向对象编程的系列知识。全书共分为10章,讲解了基本数据类型、枚举和数组、运算符、表达式和语句、类、对象和接口、常用实用类、Java Swing图形用户界面、输入输出流、泛型和集合框架、JDBC数据库操作、异常处理及综合实例等内容。

本书适合高等院校计算机相关专业作为Java语言程序设计以及面向对象语言课程的教材。

图书在版编目(CIP)数据

Java语言程序设计教程 / 张国华,丁海博,张留决主编. —长沙:中南大学出版社,2024.5

ISBN 978-7-5487-5756-6

Ⅰ. ①J… Ⅱ. ①张… ②丁… ③张… Ⅲ. ①JAVA—语言—程序设计—教材 Ⅳ. ①TP312

中国国家版本馆CIP数据核字(2024)第058547号

Java 语言程序设计教程
Java YUYAN CHENGXU SHEJI JIAOCHENG

张国华　丁海博　张留决　主编

□出 版 人	林绵优	
□责任编辑	胡小锋	
□责任印制	唐　曦	
□出版发行	中南大学出版社	
	社址:长沙市麓山南路	邮编:410083
	发行科电话:0731-88876770	传真:0731-88710482
□印　　装	长沙市宏发印刷有限公司	

□开　　本	787 mm×1092 mm 1/16	□印张 15	□字数 384千字		
□版　　次	2024年5月第1版	□印次 2024年5月第1次印刷			
□书　　号	ISBN 978-7-5487-5756-6				
□定　　价	58.00元				

图书出现印装问题,请与经销商调换

前 言
Foreword

本书注重教材的可读性和实用性，特别强调面向对象的程序设计思想。本书全面地讲解了 Java 的重要知识，尤其是强调面向对象的设计思想和编程方法，在内容的深度和广度方面根据学生对编程语言的了解程度，都给予了认真考虑，在类、对象、继承和接口等重要的基础知识上侧重深度，而在实用类、输入输出流和 JDBC 数据库操作等实用技术方面的讲解上侧重广度和实操。通过本书的学习，读者可以掌握 Java 面向对象编程的思想和 Java 编程中的一些关键技术。

全书共分 10 章，第 1 章主要介绍了 Java 产生的背景、Java 工作原理、JDK 和 Java 开发平台 NetBeans 安装过程，并通过 NetBeans 开发平台编写一个简单的 Java 应用程序。第 2 章主要介绍了 Java 基本数据类型、数组、枚举类型，以及运算符和表达式。第 3 章主要介绍了 Java 程序设计基础，包括源文件编写、注释、编程风格，以及 Java 程序控制语句。第 4~5 章是本书的重点内容之一，讲述了类、对象、方法、继承和接口等内容。第 6 章讲述了常用的实用类，包括常用基础类、数组和常用工具类等。第 7 章是基于 Java Swing 的 GUI 图形用户界面设计，讲解了常用的组件和容器，并给出了很实用的例子以加深理解。第 8 章讲解 Java 中的输入输出流技术，以及怎样使用 JDBC 操作数据库。第 9 章讲解 Java 程序异常处理，包括系统异常处理和自定义异常处理。第 10 章以一个名片管理系统为例，详细介绍了使用 NetBeans 进行 Java 桌面应用程序开发的具体步骤和实现过程，从而使读者更好地理解和运用 Java 开发平台进行 Java 应用的开发。

本书的例题已全部在 JDK1.8 环境下编译通过。希望本教材能对读者学习 Java 有所帮助，并请读者批评指正(9884188@ qq. com)。

目 录
Contents

第 1 章　Java 概览

　　Java 是一种理想的面向对象的网络编程语言。它的诞生为 IT 产业带来了一次变革，也是软件的一次革命。Java 程序设计是一个巨大而迅速发展的领域，有人把 Java 称作是网络上的"世界语"。

　　本章将简要介绍 Java 语言的发展历史、特点，Java 程序的基本结构以及开发 Java 程序的环境和基本方法。

1.1　Java 语言发展历史

1.1.1　Java 语言产生的背景

　　1991 年，Sun Microsystem 公司的 James Gosling、Bill Joy 等人组成的研究小组针对消费电子产品开发应用程序，由于消费电子产品种类繁多，各类产品乃至同一类产品所采用的处理芯片和操作系统也不相同，就出现了编程语言的选择和跨平台的问题。当时最流行的编程语言是 C 和 C++语言，但对于消费电子产品而言并不适用，安全性也存在问题。于是该研究小组就着手设计和开发出一种称之为 Oak（即一种橡树的名字）的语言。由于 Oak 在商业上并未获得成功，当时也就没有引起人们的注意。

　　直到 1994 年下半年，随着 Internet 的迅猛发展，全球信息网 WWW 的快速增长，Sun Microsystems 公司发现 Oak 语言所具有的跨平台、面向对象、高安全性等特点非常适合于互联网的需要，于是就改进了该语言的设计且命名为"Java"，并于 1995 年正式向 IT 业界推出。Java 一经出现，立即引起人们的关注，使得它逐渐成为 Internet 上广受欢迎的开发与编程语言。当年就被美国的著名杂志 PC Magazine 评为年度十大优秀科技产品之一（计算机类仅此一项入选）。

　　注：印度尼西亚有一个重要的盛产咖啡的岛屿叫 Java，中文译名为爪哇，开发人员为这种新的语言起名为 Java，其寓意是为世人端上一杯热咖啡。

1.1.2　互联网成就了 Java

　　互联网的出现使得计算模式由单机时代进入了网络时代，网络计算模式的一个特点是计算机系统的异构性，即在互联网中连接的计算机硬件体系结构和各计算机所使用的操作系统不全是一样的，例如硬件可能是 SPARC、INTEL、APPLE 或其他体系的，操作系统可能是 UNIX、Linux、Windows 或其他的操作系统。这就要求网络编程语言是与计算机的软硬件环境无关的,即跨平台的,用它编写的程序能够在网络中的各种计算机上正常运行。Java 正是这样迎合了互联网时代的发展要求,才使它获得了巨大的成功。

注:Java 之所以能做到这一点,是因为 Java 可以在计算机的操作系统之上再提供一个 Java 运行环境,相当于自带了一个翻译。该运行环境由 Java 虚拟机 JVM、类库以及一些核心文件组成,也就是说,只要计算机提供了 Java 运行环境,Java 编写的软件就能在其上运行。

随着 Java2 一系列新技术(如 JAVA2D、JAVA3D、SWING、JAVA SOUND、EJB、SERVLET、JSP、CORBA、XML、JNDI、SSH、Spring MVC 等)的引入,使得它在电子商务、金融、证券、邮电、电信、娱乐等行业有着广泛的应用,使用 Java 技术实现网络应用系统也正在成为系统开发者的首要选择。

1.2　Java 的特点

Java 是一种纯面向对象的网络编程语言,它具有如下特点。

(1)简单、安全可靠

Java 是一种强类型的语言,由于它最初设计的目的是应用于电子类消费产品,因此就要求既要简单又要可靠。

Java 的结构类似于 C 和 C++,它汲取了 C 和 C++优秀的部分,弃除了许多 C 和 C++中比较繁杂和不太可靠的部分,它略去了运算符重载、多重继承等较为复杂的部分;它不支持指针,杜绝了内存的非法访问。它所具有的自动内存管理机制也大大简化了程序的设计与开发。

注:需要注意的是,Java 和 C++等是完全不同的语言,Java 和 C++各有各的优势,将会长期并存下去,Java 语言和 C++语言已成为软件开发者应当掌握的基础语言,它们都是面向对象的开发语言。

Java 主要用于网络应用程序的开发,网络安全必须保证,Java 通过自身的安全机制防止了病毒程序的产生和下载程序对本地系统的威胁破坏。

(2)面向对象

Java 是一种完全面向对象的语言,它提供了简单的类机制以及动态的接口模型,支持封装、多态性和继承(只支持单一继承)。面向对象的程序设计是一种以数据(对象)及其接口为中心的程序设计技术。也可以说是一种定义程序模块如何"即插即用"的机制。

面向对象的概念其实来自现实世界,在现实世界中,任一实体都可以看作是一个对象,而任一实体又归属于某类事物,因此任何一个对象都是某一类事物的一个实例。

在 Java 中,对象封装了它的状态变量和方法(函数),实现了模块化和信息隐藏;而类则提供了一类对象的原型,通过继承和重载机制,子类可以使用或者重新定义父类或者超类所提供的方法,从而实现了代码的复用。

(3)分布式计算

Java 为程序开发者提供了有关网络应用处理功能的类库包,程序开发者可以使用它非常方便地实现基于 TCP/IP 的网络分布式应用系统。

(4)平台的无关性

Java 是一种跨平台的网络编程语言,是一种解释执行的语言。Java 源程序被 Java 编译器编译成字节码(Byte-code)文件, Java 字节码是一种"结构中立性"(architecture neutral)的目标文件格式, Java 虚拟机(JVM)和任何可识别 Java 的 Internet 浏览器都可执行这些字节码文件, 如图 1.1 所示。在任何不同的计算机上, 只要具有 Java 虚拟机即可运行 Java 的字节码文件, 不需重新编译(当然, 其版本向上兼容), 实现了程序员梦寐以求的"一次编程、到处运行"(write once, run every where!)的梦想。

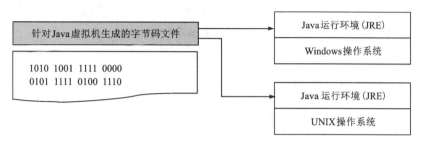

图 1.1　Java 生成的字节码文件不依赖平台

(5)多线程

Java 的多线程(multithreading)机制使程序可以并行运行。线程是操作系统的一种新概念, 它又被称作轻量进程, 是比传统进程更小的可并发执行的单位。Java 的同步机制保证了对共享数据的正确操作。多线程使程序设计者可以在一个程序中用不同的线程分别实现各种不同的行为, 从而带来更高的效率和更好的实时控制性能。

(6)动态

一个 Java 程序中可以包含其他人写的多个模块, 这些模块可能会遇到一些变化, 由于 Java 在运行时才把它们连接起来, 这就避免了因模块代码变化而引发的错误。

(7)可扩充

Java 发布的 J2EE 标准是一个技术规范框架, 它规划了一个利用现有和未来各种 Java 技术整合解决企业应用的远景蓝图。

正如 Sun Microsystems 所述: Java 是简单的、面向对象的、分布式的、解释的、有活力的、安全的、结构中立的、可移动的、高性能的、多线程和动态的语言。

1.3　Java 的工作原理

1.3.1　Java 虚拟机

Java 虚拟机其实是软件模拟的计算机, 它可以在任何处理器上(无论是在计算机中还是在其他电子设备中)解释并执行 Java 的字节码文件。Java 的字节码被称为 Java 虚拟机的机器码, 它被保存在扩展名为.class 的文件中。

一个 Java 程序的编译和执行过程如图 1.2 所示。首先 Java 源程序需要通过 Java 编译器编译成扩展名为.class 的字节码文件, 然后由 Java 虚拟机中的 Java 解释器负责将字节码文件解释成为特定的机器码并执行。

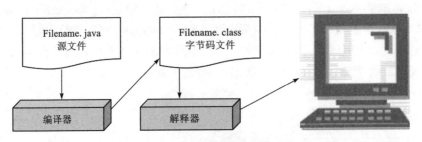

图 1.2　Java 程序的编译和执行过程

1.3.2　内存自动回收机制

在程序的执行过程中，系统会给创建的对象分配内存，当这些对象不再被引用时，它们所占用的内存就处于废弃状态，如果不及时对这些废弃的内存进行回收，就会带来程序运行效率下降等问题。

在 Java 运行环境中，始终存在着一个系统级的线程，专门跟踪对象的使用情况，定期检测出不再使用的对象，自动回收它们占用的内存空间，并重新分配这些内存空间让它们为程序所用。Java 的这种废弃内存自动回收机制，极大地方便了程序设计人员，使他们在编写程序时不需要考虑对象的内存分配问题。

1.3.3　代码安全性检查机制

Java 是网络编程语言，在网络上运行的程序必须保证其安全性。如何保证从网络上下载的 Java 程序不携带病毒而安全地执行呢？Java 提供了代码安全性检查机制。

Java 在将一个扩展名为 .class 的字节码文件装载到虚拟机执行之前，先要检验该字节码文件是否符合字节码文件规范，代码中是否存在着某些非法操作。检验工作由字节码检验器（bytecode verifier）或安全管理器（security manager）进行。检验通过之后，将字节码文件加载到 Java 虚拟机中，由 Java 解释器解释为机器码并执行。Java 虚拟机把程序的代码和数据都限制在一定内存空间里执行，不允许程序访问超出该范围，保证了程序的安全运行。

1.4　Java 的运行环境 JDK

1.4.1　Java 平台

Java 不仅仅是一种网络编程语言，还是一个不断扩展的开发平台。Sun Microsystem 公司针对不同的市场目标和设备进行定位，把 Java 划分为如下三个平台：

（1）J2SE（Java2 Standard Edition），是 Java2 的标准版，主要用于桌面应用软件的编程。它包含了构成 Java 语言基础和核心的类。我们在学习 Java 的过程中，主要是在该平台上进行的。当前最新的 JDK 版本为 JDK 1.8，Sun Microsystem 公司把这一最新版本命名为 JDK 8.0，但人们仍然习惯地称其为 JDK 1.8。

（2）J2EE（Java2 Enterprise Edition），是 Java2 的企业版，主要是为企业应用提供一个服务器的运行和开发平台。J2EE 不仅包含 J2SE 中的类，还包含了诸如 EJB、Servlet、JSP、XML 等许多用于开发企业级应用的类包。J2EE 本身是一个开放的标准，任何软件厂商都可以推出自己符合 J2EE 标准的产品，J2EE 将逐步发展成为强大的网络计算平台。

（3）J2ME（Java2 Micro Edition），是 Java2 的微缩版，主要为消费电子产品提供一个 Java 的运行平台，使得手机、机顶盒、PDA 等消费电子产品能够运行 Java 程序。

1.4.2　建立 Java 集成开发环境

要使用 Java 开发程序就必须先建立 Java 的开发环境。当前有许多优秀的 Java 程序集成开发环境，诸如 JBuilder、NetBeans、Eclipse 等。要使用这些开发环境，首先必须安装 Java 软件开发工具箱——JDK（Java Development Kit），它拥有最新的 Java 程序库，其功能逐渐增加且版本在不断更新，尽管它不是最容易使用的产品，但它是免费的，可到 Java.sun.com 或其他站点上免费下载。本书使用 NetBeans 集成开发环境。

下面我们在 Microsoft Windows 操作系统平台上安装 Java 集成开发环境，安装分两步进行。

1. 下载并安装 JDK 文件

JDK 全称是 Java Development Kit，翻译成中文就是 Java 开发工具包，其主要包括 Java 运行环境（Java Runtime Environment）、Java 命令工具和 Java 基础的类库文件。JDK 是开发任何类型 Java 应用程序的基础，因此在进行 Java 应用开发之前必须首先安装 JDK。当前 JDK 版本已经更新到 1.8.0 版本，我们就 Jdk1.6.0 版本为例，介绍其安装和配置的具体步骤。

（1）从 Java.sun.com 站点上下载安装文件 jdk-6u22-windows-i586。双击安装文件 jdk-6u22-windows-i586，弹出如图 1.3 所示的初始化安装界面。

（2）单击"下一步"按钮，将显示如图 1.4 所示的"自定义安装"对话框，在其中可以选择安装的组件以及更改安装路径。

图 1.3　初始化安装界面

图 1.4　"自定义安装"对话框

（3）单击"下一步"按钮，将自动开始 JDK 的安装，将显示如图 1.5 所示的安装进程。
（4）安装成功后将显示如图 1.6 所示的安装成功界面。

图 1.5　安装进程

图 1.6　安装成功界面

如果将 JDK 安装到 C:\Jdk1.6.0 目录下，安装成功后，将有如图 1.7 所示的目录结构。

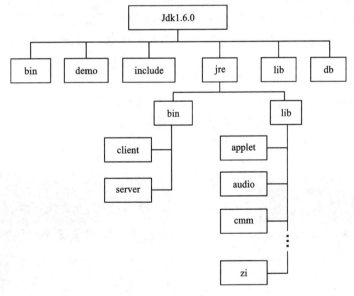

图 1.7　目录结构

2. 下载并安装 NetBeans 集成开发环境

用户可以访问其官方网站 https://netbeans.org/downloads/index.html，免费获取 NetBeans IDE8.2 的 Java SE 版本。其具体安装步骤如下：

（1）双击下载好的 netbeans-trunk-nightly-201804200002-javase-windows.exe，将显示如图 1.8 所示的安装初始化窗口。

图 1.8　安装初始化窗口

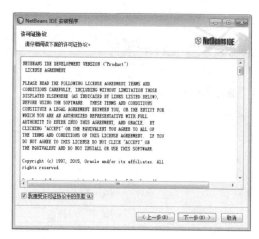

图 1.9　授权许可协议窗口

（2）单击"下一步"按钮，将显示如图 1.9 所示的许可证协议窗口，选中"我接受许可证协议中的条款"，然后单击"下一步"，将显示如图 1.10 所示的选择安装路径窗口，在其中选择安装路径，单击"下一步"按钮，再单击"安装"按钮，将显示如图 1.11 所示的安装窗口。安装完成界面、NetBeans 启动成功界面分别如图 1.12、图 1.13 所示。

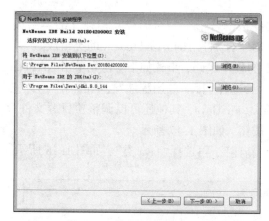

图 1.10　选择安装路径窗口

图 1.11　安装窗口

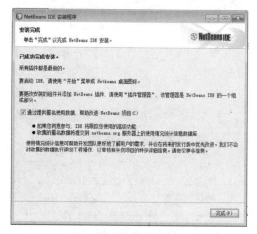

图 1.12　安装完成界面

图 1.13　NetBeans 启动成功界面

1.5   创建 Java 程序

Java 程序的开发步骤如图 1.14 所示。

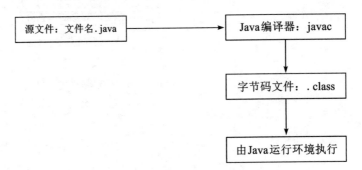

图 1.14   Java 程序的开发步骤

1.5.1   第一个简单的 Java 应用程序

Java 是面向对象编程，Java 应用程序的源文件是由若干个书写形式互相独立的类组成。下面例 1.1 中的 Java 源文件 Hello.java 是由两个名字分别为 Hello 和 Student 的类组成。

我们可以用 NetBeans 集成开发工具编辑如下的程序代码，步骤如下：首先单击 NetBeans "文件"菜单，选择新建项目，如图 1.15 所示。然后选择"Java 应用程序"，单击"下一步"按钮，如图 1.16 所示。给项目取个名称，这里取名为 FirstJava，其他还可以调整项目源文件存放的位置，这里采用默认位置，然后单击"完成"按钮，如图 1.17 所示。

在 FirstJava 包文件夹上单击鼠标右键，选择"新建"，再选择"Java 类"，如图 1.18 所示。

图 1.15   Java 程序的开发步骤

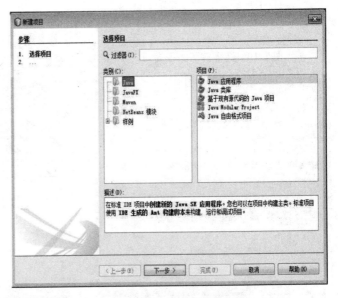

图 1.16   Java 程序的开发步骤

图 1.17　Java 程序的开发步骤

图 1.18　Java 程序的开发步骤

输入类名为 Hello，然后单击"完成"按钮，如图 1.19 所示。最后在 NetBeans 的源代码编辑界面编辑 Hello.java 的源代码，如图 1.20 所示。

图 1.19　Java 程序的开发步骤

图 1.20　NetBeans 源代码编辑界面

【例 1.1】Hello.java

```java
package firstjava;
public class Hello {
    public static void main(String args[]){
        System.out.println("这是一个简单的 Java 应用程序");
        Student stu=new Student();
        stu.speak("We are Students");  /*调用方法*/
    }
}
class Student{
    public void speak(String s){
        System.out.println(s);
    }
}
```

几个值得注意的问题：

(1)Java 源程序中语句所涉及的小括号及标点符号都是英文状态下输入的括号和标点符

号，比如"这是一个简单的应用程序"中的引号必须是英文状态下的符号，而字符串里面的符号不受字符类别的限制。

（2）在编写程序时，应遵守良好的编码习惯，比如一行最好只写一条语句，保持良好的缩进习惯等。大括号的占行习惯有两种：一种是向左的大括号"{"和向右的大括号"}"都独占一行；另一种习惯是向左的大括号"{"在上一行的尾部，向右的大括号"}"独占一行。

（3）应用程序的主类。要是程序能运行，一个 Java 应用程序的源文件必须有一个类含有 public static void main(String args[ ])主方法，此方法是所有程序的入口。args[ ]是 main 方法的一个参数，是一个字符串类型的数组（注意 String 的第一个字母必须大写）。例 1.1 中的 Java 源程序的主类是 Hello 类。

（4）源文件的命名。如果源文件中有多个类，那么只能有一个类是 public 类；如果有一个类是 public 类，那么源文件的名字必须与这个类的名字完全相同，扩展名是. java；如果源文件没有 public 类，那么源文件的名字只要和某个类的名字相同，并且扩展名是. java 就行了。

（5）Java 语言严格区分大小写，类名首字母必须大写。

下面我们简要分析一下该程序的结构：

类似于 C 和 C++，以字符 / * 开始并以字符 * / 结束的行为注释行。注释行不是程序的代码部分，只是为了程序的易读性。

在程序开头是类包引入语句：package firstjava；它将类包引入到本程序，以便在本程序中使用该包中已定义好的类。Java 带有很多类包，每个包中都有很多已定义好的类，并编译成了字节代码，用户可直接引用，这实现了代码的重用。

public class Hello；

该语句用来声明一个 Hello 类，面向对象的程序是以类为基础的。在语句中：

class 为关键字，定义一个类。

public 是访问控制修饰符，表示该类是一个公有类，其他所有的类也可以访问这个类的对象。

每个类的定义都以符号"{"开始，"}"结束，类中可以定义数据成员（变量）和方法成员。在本类中，没有定义数据成员，只定义了方法 main( )：

public static void main(String args[ ])

在该方法说明语句中：

public 是访问控制修饰符。

static 是修饰符。在类中，若方法被定义为 static（静态的），那就是说，无须创建类对象即可调用静态方法。因此也被称为类方法。

void 表示方法无返回值。

main 为方法名。

String args[ ]是参数说明，表示执行该程序时，可以带一组字符串参数。

方法也是以"{"开始，以"}"结束。在该 main( )方法中只有一个语句：

System. out. println("这是一个简单的 Java 应用程序")；

它的作用是在屏幕上输出信息：这是一个简单的 Java 应用程序。

在语句中：

System 是 java. lang 类包中的一个类。它是 java 最重要、最基础的类之一，它提供了系统标准设备资源(显示器、键盘)的接口。

out 是 System 类定义的一个标准输出流的成员。

println 是 System 类定义的一个静态的(static)方法，其功能是向标准输出设备(屏幕)输出信息。

Student stu = new Student( ) ;

是由 Student 类实例化一个对象 stu。

stu. speak("We are Students") ;

是调用 Student 的 speak 方法，并传递"We are Students"参数给 s，并在屏幕上输出信息：
we are Students

1.5.2　运行 Java 应用程序

在 NetBeans 集成开发环境中运行 Java 应用程序很简单，只需在需运行的 Java 源文件(注意，此 Java 源文件必须含有 main 方法才能够运行)上单击鼠标右键，弹出快捷菜单，选择"运行文件"，如图 1.21 所示。运行结果如图 1.22 所示。

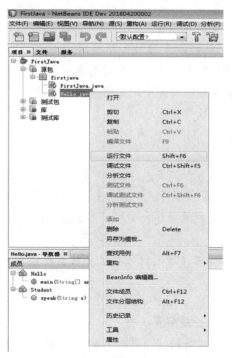

图 1.21　Java 源代码运行界面

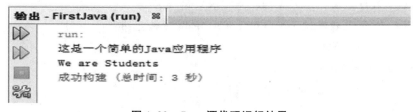

图 1.22　Java 源代码运行结果

本章小结

本章简要介绍了 Java 的发展过程、Java 语言的特点以及 Java 程序的基本组成。为了便于初学者上机实践，着重介绍了 Java 运行环境 JDK 及集成开发环境 NetBeans 的安装过程，以及 Java 应用程序的编写和运行步骤。

本章重点：面向对象的程序设计思路、Java 语言的特点、Java 虚拟机、Java 开发环境的创建；Java 程序开发应着重注意的几个问题；能编写简单的 Java 应用程序。

习题 1

一、选择题

1. 以下对 Java 语言不正确的描述是(　　)

A. Java 语言是一个完全面向对象的语言。

B. Java 是结构中立与平台无关的语言。

C. Java 是一种编译性语言。

D. Java 是一种解释性语言。

2. 以下说法正确的是(　　)

A. Java 程序文件名必须和程序文件中定义的类名一致。

B. Java 程序文件名可以和程序文件中定义的类名不一致。

C. Java 源程序文件的扩展名必须是 .java。

D. 以上 A、C 说法正确，B 说法不正确。

3. 以下描述错误的是(　　)

A. Java 的源程序代码被存储在扩展名为 .java 的文件中。

B. Java 编译器在编译 Java 的源程序代码后，自动生成扩展名为 .class 的字节代码类文件。

C. Java 编译器在编译 Java 的源程序代码后，自动生成的字节代码文件名和类名相同，扩展名为 .class。

D. Java 编译器在编译 Java 的源程序代码后，自动生成扩展名为 .class 的字节代码类文件，其名字可以和类名不同。

4. 以下有关运行 Java 应用程序(application)正确的说法是(　　)

A. Java 应用程序由 Java 编译器解释执行。

B. Java 应用程序经编译后生成的字节代码可由 Java 虚拟机解释执行。

C. Java 应用程序经编译后可直接在操作系统下运行。

D. Java 应用程序经编译后可直接在浏览器中运行。

5. 下列哪个是 Java 应用程序主类中正确的 main 方法申明？(　　)

A. public void main(String args[ ])

B. static void main(String args[ ])

C. public static void Main(string args[ ])

D. public static void main(String args[ ])

二、问答题

1. Java 语言有哪些特点?

2. 如何建立和运行 Java 程序?

3. Java 的运行平台是什么?

4. 何为字节码文件? 其优点是什么?

5. Java 语言的主要贡献者是谁?

三、实训题

1. 模仿本章 Java 应用程序的例 1.1, 使用 NetBeans 开发工具编辑、编译、运行 Java 应用程序。

2. 模仿编写以下 Java 代码并为该 Java 源文件正确取名, 并使用 NetBeans 开发工具编译、运行该 Java 应用程序。

```java
class Xiti1 {
    public static void main(String args[]) {
        Speak sp = new Speak();
        sp. speakHello();
    }
}
public class Speak {
    void speakHello() {
    System. out. println("I'm glad to meet you");
    }
}
```

第 2 章　Java 的基本数据类型、运算符及表达式

本章将简要介绍 Java 的标识符、保留字、变量、常量、数据类型、运算符和表达式等。读者如果已经对其他的程序设计语言等有所了解，只要注意比较一下它们的相同和不同之处，学习起来就会感到比较轻松。

2.1　用户标识符与保留字

2.1.1　用户标识符

用户标识符是程序员对程序中的各个元素加以命名时使用的命名记号。

在 Java 语言中，标识符是以字母、下划线（"_"）或美元符（"＄"）开始，后面可以跟字母、下划线、美元符和数字的一个字符序列。

例如：

userName, User_Name, _sys_val, Name, name, ＄change 等为合法的标识符。

然而，3mail, room#, #class 等为非法的标识符。

注意：（1）标识符中的字符是区分大小写的。例如，Name 和 name 被认为是两个不同的标识符。（2）标识符的第一个字符不能是数字字符。（3）标识符不能是保留字。（4）标识符不能是 true、false 和 null。

2.1.2　保留字

保留字是特殊的标识符，具有专门的意义和用途，不能当作用户的标识符使用。Java 语言中的保留字均用小写字母表示。表 2.1 列出了 Java 语言中的所有保留字。

表 2.1　保留字

abstract	break	byte	boolean	catch	case	class	char	continue
default	double	do	else	extends	false	final	float	for
finally	if	import	implements	int	interface	instanceof	long	length
native	new	null	package	private	protected	public	return	switch
short	static	super	try	true	this	throw	throws	void
threadsafe	transient	while	synchronized					

2.2　数据类型

Java 语言的数据类型可划分为基本数据类型和引用型数据类型(如图 2.1 所示)。本章我们主要介绍基本数据类型,引用型数据类型将在后边的章节中介绍,数组和字符串本身属于类,由于它们比较特殊且常用,因此也在图 2.1 中列出。Java 语言的基本数据类型如表 2.2 所示。

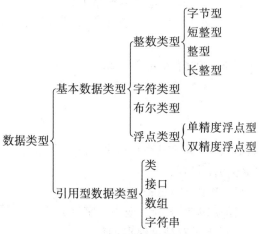

图 2.1　Java 语言的数据类型

表 2.2　Java 语言的基本数据类型

数据类型	所占二进制位	所占字节	取值
byte	8	1	$-2^7 \sim 2^7-1$
short	16	2	$-2^{15} \sim 2^{15}-1$
int	32	4	$-2^{31} \sim 2^{31}-1$
long	64	8	$-2^{63} \sim 2^{63}-1$
char	16	2	任意字符(注:用单引号括起的字符)
boolean	8	1	true, false
float	32	4	$-3.4E38(3.4\times10^{38}) \sim 3.4E38(3.4\times10^{38})$
double	64	8	$-1.7E308(1.7\times10^{308}) \sim 1.7E308(1.7\times10^{308})$

注意:有些字符,如回车符不能通过键盘输入到字符串或程序中,这时就需要使用转义字符常量,例如\n(表示换行),\ '(表示单引号),\ "(表示双引号),\\(表示反斜线)等。

2.2.1　常量和变量

常量和变量是程序的重要元素。

1. 常量

所谓常量就是在程序运行过程中保持不变的量即不能被程序改变的量,也把它称为最终

量。常量可分为标识常量和直接常量(字面常量):

(1)标识常量

标识常量使用一个标识符来替代一个常数值,其定义的一般格式为:

final　数据类型　常量名=value[,常量名=value …];

其中:

final 是保留字,说明后边定义的是常量即最终量;

数据类型是常量的数据类型,它可以是基本数据类型之一;

常量名是标识符,它表示常数值 value,在程序中凡是用到 value 值的地方均可用常量名标识符替代。

例如:final double PI=3.1415926; //定义了标识常量 PI,其值为 3.1415926

注意:在程序中,为了区分常量标识符和变量标识符,常量标识符一般全部使用大写书写。

(2)直接常量(字面常量)

直接常量就是直接出现在程序语句中的常量值,例如上边的 3.1415926。直接常量也有数据类型,系统根据字面量识别,例如:

21, 45, 789, 1254, -254 表示整型量;

12L, 123l, -145321L 尾部加大写字母 L 或小写字母 l 表示该量是长整型量;

456.12, -2546, 987.235D 表示双精度浮点型量;

4567.2145F, 54678.2f 尾部加大写字母 F 或小写字母 f 表示单精度浮点型量。

2. 变量

变量是程序中的基本存储单元,在程序的运行过程中可以随时改变其存储单元的值。

(1)变量的定义

变量的一般定义如下:

数据类型　变量名[=value][,变量名[=value],…];

其中:

数据类型表示后边定义变量的数据类型;

变量名是一个标识符,应遵循标识符的命名规则。

可以在说明变量的同时为变量赋初值。例如:

int n1=456, n2=687;

float f1=3654.4f, f2=1.325f

double d1=2145.2;

(2)变量的作用域

变量的作用域是指变量自定义的地方起,可以使用的有效范围。在程序中不同的地方定义的变量具有不同的作用域。一般情况下,在本程序块(即以大括号"{}"括起的程序段)内定义的变量在本程序块内有效。

【例 2.1】 说明变量作用域的示例程序。

/*这是说明变量作用域的示例程序

*程序的名字为 Example2_1.java

*/

```
public class Example2_1{
    static int n_var1 = 50;    //类变量，对整个类都有效
    public void display(){
        int n_var2 = 215;    //方法变量，只在该方法内有效
        n_var1 = n_var1+n_var2;
        System. out. println("n_var1 = "+n_var1);
        System. out. println("n_var2 = "+n_var2);
    }
    public static void main(String args[]){
        int n_var3;    //方法变量，只在该方法内有效
        n_var3 = n_var1 * 2;
        System. out. println("n_var1 的值为："+n_var1);
        System. out. println("n_var3 的值为："+n_var3);
    }
}
```

运行结果如图 2.2 所示。

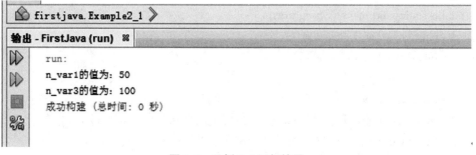

图 2.2　示例 2.1 运行结果

2.2.2　基本数据类型

1. 整型

Java 提供了四种整型数据。

(1)整型常量的表示方法

整型常量可以十进制、八进制和十六进制表示。

一般情况下使用十进制表示，如：123，-456，0，23456。

在特定情况下，根据需要可以使用八进制或十六进制形式表示整型常量。以八进制表示时，以 0 开头，如：0123 表示十进制数 83，-011 表示十进制数-9。

以十六进制表示整型常量时，以 0x 或 0X 开头，如：0x123 表示十进制数 291，-0X12 表示十进制数-18。

此外长整型常量的表示方法是在数值的尾部加一个拖尾的字符 L 或 l，如：456l，0123L，0x25l。

（2）整型变量的定义

例如：int x = 123；　　　　　　//指定变量 x 为 int 型，且赋初值为 123

byte b = 8；　　　　　　　　　//指定变量 b 为 byte 型，且赋初值为 8

short s = 10；　　　　　　　　//指定变量 s 为 short 型，且赋初值为 10

long y = 123L，z = 123l；　　　//指定变量 y，z 为 long 型，且分别赋初值为 123

2. 字符型（char）

字符型（char）数据占据两个字节 16 个二进制位。

字符常量是用单引号括起来的一个字符，如' a '，' A ' 等。

字符型变量的定义，如：

char c = ' a '；　　//指定变量 c 为 char 型，且赋初值为' a '

要观察一个字符在 Unicode 表中的顺序位置，可以使用 int 型显示转换，如（int）' a ' 或 int p = ' a '。如果要得到一个 0～65536 的数所代表的在 Unicode 表中相应位置上的字符，必须使用 char 型显示转换。

在下面的例 2.2 中，分别用显示转换显示一些字符在 Unicode 表中的位置，以及某些位置上的字符。

【例 2.2】

```
public class Example2_2 {
    public static void main (String args[ ]){
        char ch1 = ' ω' , ch2 = ' 好' ;
        int p1 = 32831 , p2 = 30452 ;
        System. out. println( " \" " +ch1+" \"的位置：" +(int)ch1);
        System. out. println( " \" " +ch2+" \"的位置：" +(int)ch2);
        System. out. println("第" +p1+"个位置上的字符是：" +(char)p1);
        System. out. println("第" +p2+"个位置上的字符是：" +(char)p2);
    }
}
```

运行结果如图 2.3 所示。

图 2.3　示例 2.2 运行结果

3. 布尔型（boolean）

布尔型数据的值只有两个：true 和 false。因此布尔型数据的常量值也只能取这两个值。

布尔型变量的定义，如：

boolean b1＝true，b2＝false；//定义布尔型变量 b1，b2 并分别赋予真值和假值。

4．浮点型（实型）

Java 提供了两种浮点型数据：单精度和双精度。

（1）实型常量的表示方法

一般情况下实型常量以如下形式表示：

0.123，1.23，123.0 等表示双精度数；

123.4f，145.67F，0.65431f 等表示单精度数。

当表示的数字比较大或比较小时，采用科学计数法的形式表示，如：

1.23e13 或 123E11 均表示 $123×10^{11}$；

0.1e-8 或 1E-9 均表示 10^{-9}。

我们把 e 或 E 之前的常数称之为尾数部分，e 或 E 后面的常数称之为指数部分。

注意：使用科学计数法表示常数时，指数和尾数部分均不能省略，且指数部分必须为整数。

（2）实型变量的定义

在定义变量时，都可以赋予它一个初值，例如：

float x＝123.5f，y＝1.23e8f；　//定义单精度变量 x，y 并分别赋予 123.5、$1.23×10^{8}$ 的值

double d1＝456.78，d2＝1.8e50；　//定义双精度变量 d1，d2 并分别赋予 456.78、$1.8×10^{50}$ 的值。

2.2.3　基本数据类型的转换

当把一种基本数据类型变量的值赋给另一个基本数据类型变量时，就涉及数据转换。将这些类型按精度由"低"到"高"排列为：byte，short，char，int，long，float，double。

当把级别低的变量的值赋给级别高的变量时，系统自动完成数据类型的转换。例如：

float x＝100；

如果输出 x 的值，结果将是 100.0。

当把级别高的变量的值赋给级别低的变量时，必须使用显示类型转换运算，显示转换的格式为：（类型名）要转换的值。例如：

int x＝（int）35.25；

如果输出 x 的值，结果将是 35。强制转换运算可能导致精度的损失。

2.2.4　基本数据类型的封装

以上介绍的 Java 的基本数据类型不属于类，在实际应用中，除了需要进行运算之外，有时还需要将数值转换为数字字符串或者将数字字符串转换为数值等。在面向对象的程序设计语言中，类似这样的处理是由类、对象的方法完成的。在 Java 中，对每种基本的数据类型都提供了其对应的封装类（称为封装器类 wrapper class），如表 2.3 所示。

应该注意的是，尽管由基本类型声明的变量或由其对应类建立的类对象，它们都可以保存同一个值，但在使用上不能互换，因为它们是两个完全不同的概念，一个是基本变量，一个是类的对象实例。我们将在后边的章节中讨论它们。

表 2.3　基本数据类型和对应的封装类

数据类型	对应的类	数据类型	对应的类
boolean	Boolean	int	Integer
byte	Byte	long	Long
char	Character	float	Float
short	Short	double	Double

2.3　Java 运算符和表达式

　　运算符和表达式是构成程序语句的要素，必须切实掌握灵活运用。Java 提供了多种运算符，分别用于不同运算处理。表达式是由操作数（变量或常量）和运算符按一定的语法形式组成的符号序列。一个常量或一个变量名是最简单的表达式。表达式是可以计算值的运算式，一个表达式有确定类型的值。

2.3.1　算术运算符和算术表达式

　　算术运算符用于数值量的算术运算，它们是+（加），-（减），＊（乘），/（除），%（求余数），++（自加 1），--（自减 1）。

　　按照 Java 语法，我们把由算术运算符连接数值型操作数的运算式称之为算术表达式。例如：x+y＊z/2、i++、(a+b)%10 等。

　　加、减、乘、除四则运算大家已经很熟悉了，下边看一下其他运算符的运算：

　　%求两数相除后的余数，如：5/3 余数为 2；5.5/3 余数为 2.5。

　　++、--是一元运算符，参与运算的是单变量，其功能是自身加 1 或减 1。它分为前置运算和后置运算，如：++i, i++, --i, i--等。

　　算术混合运算的精度从"低"到"高"排列的顺序是：byte, short, char, int, float, double。下边举一个例子说明算术运算符及表达式的使用。

【例 2.3】使用算术运算符及表达式的示例程序。

```
classExample2_3{
  public static void main(String args[ ]){
    int a＝0, b＝1;
    float x＝5f, y＝10f;
    float s0, s1;
    s0＝x＊a++;       //5＊0＝0
    s1＝++b＊y;       //2＊10＝20
    System. out. println("a＝"+a+" b＝"+b+" s0＝"+s0+"  s1＝"+s1);
    s0＝a+b;         //1+2＝3
    s1++;           //20+1＝21
    System. out. println("x%s0＝"+x%s0+" s1%y＝"+s1%y);
```

```
    }
}
```
程序运行结果如图 2.4 所示。

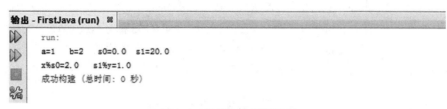

图 2.4　示例 2.3 运行结果

2.3.2　关系运算符和关系表达式

关系运算符用于两个量的比较运算，它们是：>(大于)，<(小于)，>=(大于等于)，<=(小于等于)，= =(等于)，! =(不等于)。

关系运算符组成的关系表达式(或称比较表达式)产生一个布尔值(其结果是 true 或 false)。若关系表达式成立则产生一个 true 值，否则产生一个 false 值。

例如：当 x = 90，y = 78 时，

x>y 产生 true 值；

x = =y 产生 false 值。

2.3.3　布尔逻辑运算符和布尔表达式

布尔逻辑运算符用于布尔量的运算，有 3 个布尔逻辑运算符，如表 2.4 所示。

1. ! (逻辑非)

! 是一元运算符，用于单个逻辑或关系表达式的运算。

! 运算的一般形式是：! A

其中：A 是布尔逻辑或关系表达式。若 A 的值为 true，则! A 的值 false，否则为 true。

例如：若 x = 90，y = 80，则表达式：

! (x>y)的值为 false(由于 x>y 产生 true 值)。

! (x = =y)的值为 true (由于 x = =y 产生 false 值)。

2. &&(逻辑与)

&& 用于两个布尔逻辑或关系表达式的与运算。

&& 运算的一般形式是：A&&B

其中：A、B 是布尔逻辑或关系表达式。若 A 和 B 的值均为 true，则 A&&B 的值为 true，否则为 false。

例如：若 x = 50，y = 60，z = 70，则表达式：

(x>y) && (y>z)的值为 false(由于两个表达式 x>y、y>z 的关系均不成立)。

(y>x) && (z>y)的值为 true(由于两个表达式 y>x、z>y 的关系均成立)。

(y>x) && (y>z)的值为 false(由于表达式 y>z 的关系不成立)。

3. ||(逻辑或)

||用于两个布尔逻辑或关系表达式的运算。

‖运算的一般形式是：A ‖ B

其中：A、B 是布尔逻辑或关系表达式。若 A 和 B 的值只要有一个为 true，则 A‖B 的值为 true；若 A 和 B 的值均为 false 时，则 A‖B 的值为 false。

例如：若 x = 50，y = 60，z = 70，则表达式：

(x>y)‖y>z)的值为 false(由于两个表达式 x>y、y>z 的关系均不成立)。

(y>x)‖(z>y)的值为 true(由于两个表达式 y>x、z>y 的关系均成立)。

(y>x)‖(y>z)的值为 true(由于表达式 y>x 的关系成立)。

表 2.4　用逻辑运算符进行逻辑运算

op1	op2	op1&&op2	op1‖op2	! op1
true	true	true	true	false
true	false	false	true	false
false	true	false	true	true
false	false	false	false	true

下边举一个例子看一下布尔逻辑运算符及表达式的使用。

【例 2.4】布尔逻辑运算符及表达式的示例。

```
class Example2_4{
  public static void main(String args[]){
    int a = 0, b = 1;
    float x = 5f, y = 10f;
    boolean l1, l2, l3, l4, l5;
    l1 = (a = = b)‖(x>y);      //l1 = false
    l2 = (x<y)&&(b! = a);      //l2 = true
    l3 = l1&&l2;               //l3 = false
    l4 = l1‖l2‖l3;             //l4 = true
    l5 = ! l4;                 //l5 = false
    System. out. println("l1 = "+l1+" l2 = "+l2+" l3 = "+l3+" l4 = "+l4+" l5 = "+l5);
  }
}
```

程序的执行结果如图 2.5 所示。

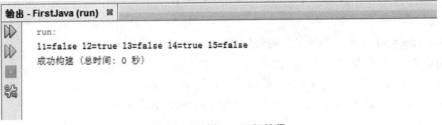

图 2.5　示例 2.4 运行结果

2.3.4　位运算符及表达式

位运算符主要用于整数的二进制位运算。可以把它们分为移位运算和按位运算。

1. 移位运算

（1）位右移运算（>>）

>>用于整数的二进制位右移运算，在移位操作的过程中，符号位不变，其他位右移。

例如，将整数 a 进行右移 2 位的操作：a>>2

（2）位左移运算（<<）

<<用于整数的二进制位左移运算，在移位操作的过程中，左边位移出（舍弃），右边位补 0。

例如，将整数 a 进行左移 3 位的操作：a<<3

（3）不带符号右移运算（>>>）

>>>用于整数的二进制位右移运算，在移位操作的过程中，右边位移出，左边位补 0。

例如，将整数 a 进行不带符号右移 2 位的操作：a>>>2

2. 按位运算

（1）& 表示按位与

& 运算符用于两个整数的二进制按位与运算，在按位与操作过程中，如果对应两位的值均为 1，则该位的运算结果为 1，否则为 0。

例如，将整数 a 和 b 进行按位与操作：a&b

（2）| 表示按位或

| 运算符用于两个整数的二进制按位或运算，在按位或操作过程中，如果对应两位的值只要有一个为 1，则该位的运算结果为 1，否则为 0。

例如，将整数 a 和 b 进行按位或操作：a|b

（3）^ 表示按位异或

^ 运算符用于两个整数的二进制按位异或运算，在按位异或操作过程中，如果对应两位的值相异（即一个为 1，另一个为 0），则该位的运算结果为 1，否则为 0。

例如，将整数 a 和 b 进行按位异或操作：a^b

（4）~ 表示按位取反

~ 是一元运算符，用于单个整数的二进制按位取反操作（即将二进制位的 1 变为 0，0 变为 1）。

例如，将整数 a 进行按位取反操作：~a

下边举一个例子简要说明位运算符的使用。

【例 2.5】整数二进制位运算的示例。为了以二进制形式显示，程序中使用 Integer 类的方法 toBinaryString（）将整数值转换为二进制形式的字符串，程序代码如下：

```
classExample2_5{
    public static void main(String args[]){
    int i1 = -128, i2 = 127;
    System. out. println("i1 = " +Integer. toBinaryString(i1));
    System. out. println("i1>>2 = " +Integer. toBinaryString(i1>>2));
```

```
System. out. println( "i1>>>2 = " +Integer. toBinaryString(i1>>>2) );
System. out. println( "i2 = " +Integer. toBinaryString(i2) );
System. out. println( "i2>>>2 = " +Integer. toBinaryString(i2>>>2) );
System. out. println( "i1&i2 = " +Integer. toBinaryString(i1&i2) );
System. out. println( "i1^i2 = " +Integer. toBinaryString(i1^i2) );
System. out. println( "i1|i2 = " +Integer. toBinaryString(i1|i2) );
System. out. println( " ~i1 = " +Integer. toBinaryString( ~i1) );
    }
}
```

　　程序运行结果如图 2.6 所示。结果是以二进制形式显示的,如果是负值,32 位二进制位数全显示;如果是正值,前导 0 忽略,只显示有效位。

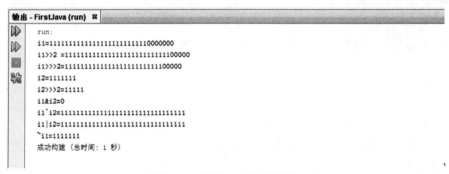

图 2.6　示例 2.5 运行结果

2.3.5　赋值运算符(=)和赋值表达式

　　赋值运算符是最常用的运算符,用于把一个表达式的值赋给一个变量(或对象)。在前边的示例中,我们已经看到了赋值运算符的应用。

　　与 C、C++类似,Java 也提供了复合的或称扩展的赋值运算符:

　　对算术运算有: += , - = , * = , / = , % =

　　对位运算有: & = , ^= , | = , <<= , >>= , >>>=

　　例如:

　　x * =x+y; 相当于 x =x * (x+y);

　　x+=y; 相当于 x =x+y;

　　y& =z; 相当于 y =y&z;

　　y>> =2; 相当于 y =y>>2;

　　注意:不要将赋值运算符"="与等号关系运算符"= ="混淆,比如 12 =12 是非法的表达式,而表达式 12 = =12 的值是 true。

2.3.6　条件运算符(? :)及表达式

　　条件运算符是三元运算符,由条件运算符组成的条件表达式的一般使用格式是:

　　逻辑(关系)表达式 ? 表达式 1 : 表达式 2

其功能是：若逻辑(关系)表达式的值为 true，取表达式 1 的值，否则取表达式 2 的值。条件运算符及条件表达式常用于简单分支的取值处理。

例如，若已定义 a，b 为整型变量且以赋值，求 a，b 两个数中的较大者，并赋给另一个量 max，可以用如下式子处理：

max = (a>b) ? a : b;

2.3.7　对象运算符

对象运算符如下。

1. 构造对象(new)

new 运算符主要用于构建类的对象，我们将在后边的章节作详细介绍。

2. 分量运算符(.)

. 运算符主要用于获取类、对象的属性和方法。例如上边程序中使用 System 类对象的输出方法在屏幕上输出信息：System. out. println("my first Java program")；

3. 对象测试(instanceof)

instanceof 运算符主要用于对象的测试，将在后边应用时介绍它。

2.3.8　其他运算符

其他运算符还有如下一些。

1. 数组下标运算符([ ])

主要用于数组。

2. 强制类型转换运算符((类型))

在高类型的数据向低类型的数据转换时，一般需要强制转换。

3. ( )运算符

( )运算符用在运算表达式中，它改变运算的优先次序；用于对象方法调用时作为方法的调用运算符。

4. 字符串连接符(+)

在表达式中，如果+号运算符前边的操作数是一个字符串，此时该+号运算符用作字符串连接符，例如：

"i1 * i2 = "+i1 * i2

在程序中的 System. out. print( )输出方法的参数中，我们常常使用这种形式的表达式。

2.3.9　表达式的运算规则

最简单的表达式是一个常量或一个变量，当表达式中含有两个或两个以上的运算符时，就称为复杂表达式。在组成一个复杂的表达式时，要注意以下两点。

1. Java 运算符的优先级

表达式中运算的先后顺序由运算符的优先级确定，掌握运算的优先次序是非常重要的，它确定了表达式的表达是否符合题意，表达式的值是否正确。表 2.5 列出了 Java 中所有运算符的优先级顺序。

表 2.5　Java 运算符的优先次序

1	. , [ ] , ( )	9	&
2	一元运算：+, −, ++, −−, !, ~	10	^
3	new, （类型）	11	|
4	* , / , %	12	&&
5	+, −	13	||
6	>>, >>>, <<	14	? :
7	>, <, >=, <=, instanceof	15	= , += , −= , * = , / = , % = , ^=
8	== , ! =	16	&= , |= , <<= , >>= , >>>=

　　当然，我们不必刻意去死记硬背这些优先次序，使用多了，自然也就熟悉了。在书写表达式时，如果不太熟悉某些优先次序，可使用( )运算符改变优先次序。

　　2. 类型转换

　　整型、实型、字符型数据可以混合运算。运算中，不同类型的数据先转化为同一类型，然后进行运算，一般情况下，系统自动将两个运算数中低级的运算数转换为和另一个较高级运算数的类型相一致的数，然后再进行运算。

　　类型从低级到高级顺序示意如下：

低 ---> 高

byte —> short —> char —> int —> long —> float —> double

　　应该注意的是，如果将高类型数据转换成低类型数据，则需要强制类型转换，这样做有可能会导致数据溢出或精度下降。

　　如：long num1 = 8；
　　　　int num2 = （int）num1；
　　　　long num3 = 547892L；
　　　　short num4 = （short）num3；　　//将导致数据溢出

本章小结

　　本章简要介绍了 Java 程序中的标识符、数据类型、运算符及表达式，它们是程序设计的基础，应该掌握它们并能熟练地应用。

　　数据类型可分为基本数据类型和引用型数据类型两种，本章介绍了基本数据类型，引用型数据类型将在后边的章节中介绍。

　　本章重点：标识符的命名规则、变量和常量的定义及使用、运算符及表达式、不同数据类型值之间的相互转换规则、运算式子中的运算规则(按运算符的优先顺序从高向低进行，同级的运算符则按从左到右的方向进行)。

习题 2

一、选择题

1. 以下有关标识符说法正确的是(　　)

A. 任何字符的组合都可形成一个标识符。

B. Java 的保留字也可作为标识符使用。

C. 标识符是以字母、下划线或 $ 开头,后跟字母、数字、下划线或 $ 的字符组合。

D. 标识符是不区分大小写的。

2. 以下哪一组标识符是正确的(　　)

A. c_name, if, _name   B. c * name, $ name, mode

C. Result1, somm1, while   D. $ ast, _mmc, c $ _fe

3. 下列哪个选项是合法的标识符(　　)

A. 123   B. _name   C. class   D. 1first

4. 有关整数类型说法错误的是(　　)

A. byte, short, int, long 都属于整数类型,分别占 1, 2, 4, 8 个字节。

B. 占据字节少的整数类型能处理较小的整数,占据的字节越多,处理的数据范围就越大。

C. 所有整数都是一样的,可任意互换使用。

D. 两个整数的算术运算结果,还是一个整数。

5. 以下说法正确的是(　　)

A. 基本字符数据类型有字符和字符串两种。

B. 字符类型占两个字节,可保存两个字符。

C. 字符类型占两个字节,可保存一个字符。

D. 以上说法都是错误的。

6. 有关浮点数类型说法正确的是(　　)

A. 浮点数类型有单精度(float)和双精度(double)两种。

B. 单精度(float)占 4 个字节,数据的表示范围是:−3.4E38~3.4E38。

C. 双精度(double) 占 8 个字节,数据的表示范围是:−1.7E308~1.7E308。

D. 以上说法都正确。

7. 关浮点型字面量说法正确的是(　　)

A. 当数据带有拖尾的标记 f 或 F 时,系统认为是单精度(float)字面量。

B. 当数据带有拖尾的标记 d 或 D 时,系统认为是双精度(double)字面量。

C. 当数据无拖尾标记,但含有小数点或含有 E 指数表示时,系统默认为是双精度数据(double)。

D. 以上都正确。

8. 关于类型转换说法错误的是(　　)

A. 低精度类型数据向高精度类型转换时,不会丢失数据精度。

B. 系统会自动进行(整型或浮点型)低精度类型数据向高精度类型数据的转换。

C. 高精度类型数据向低精度类型数据的转换、整型和浮点型数据之间的转换，必须强制进行，有可能会引起数据丢失。

D. 高精度类型数据向低精度类型转换时，不会丢失数据精度，因为转换是系统进行的。

9. 对变量赋值说法错误的是(　　)

A. 变量只有在赋值后才能使用。

B. boolean 类型的变量值只能取 true 或 false。

C. 只有同类型同精度的值才能赋给同类型同精度的变量，不同类型不同精度需要转换后才能赋值。

D. 不同类型和精度之间也能赋值，系统会自动转换。

10. 以下正确的赋值表达式是(　　)

A. a = = 5　　　　　　　　　　　　B. a+5 = a

C. a++　　　　　　　　　　　　　　D. a++=b

11. 数学式：x^2+y^2+xy 正确的算术表达式是(　　)

A. x^2+y^2+xy　　　　　　　　　　B. x * x+y * y+xy

C. x(x+y)+y * y　　　　　　　　　D. x * x+y * y+x * y

12. 以下正确的关系表达式是(　　)

A. x≥y　　　　　　　　　　　　　　B. x+y<>z

C. >=x　　　　　　　　　　　　　　D. x+y! =z

13. 以下正确的逻辑表达式是(　　)

A. (x+y>7)&&(x−y<1)　　　　　　B. ! (x+y)

C. (x+y>7) ‖ (z=a)　　　　　　　D. (x+y+z)&&(z>=0)

14. 有关移位运算的说法是(　　)

A. 移位运算是一元运算。

B. 移位运算是二元运算。是整数类型的二进制按位移动运算。

C. 移位运算是二元运算。可以进行浮点数类型的二进制按位移动运算。

D. 移位运算是二元运算。可以进行数据的按位移动运算。

15. 有关位运算符说法正确的是(　　)

A. ~求反运算符是一元运算符。&，^，‖ 是二元运算符。

B. a&b&c 是先进行 a&c 的二进制按位与操作，生成的结果再与 c 进行 & 操作。

C. 位运算只对整型数据不能对浮点数进行位运算。

D. 以上 3 种说法都正确。

16. 有关条件运算符(?：)说法正确的是(　　)

A. 条件运算符是一个三元运算符，其格式是：表达式 1 ? 表达式 2: 表达式 3

B. 格式中的表达式 1 是关系或逻辑表达式，其值是 boolean 值。

C. 若表达式 1 成立，该条件表达式取表达式 2 的值，否则取表达式 3 的值。

D. 以上说法都正确。

17. 下边正确的赋值语句是(　　)

A. a=b=c=d+100;　　　　　　　　　B. a+7=m;

C. a+=b+7=c;　　　　　　　　　　D. a * =c+7=d;

18. 有关注释说法正确的是(　　　)

A. 注释行可以出现在程序的任何地方。

B. 注释不是程序的部分，因为编译系统忽略它们。

C. 注释是程序的组成部分。

D. 以上 A、B 说法正确，C 说法错误。

19. 下列的哪个选项可以正确用以表示八进制值 8(　　　)

A. 0x8　　　　　　　B. 0x10　　　　　　C. 08　　　　　　D. 010

20. 下列的哪个赋值语句是不正确的？(　　　)

A. float f = 11. 1　　　　　　　B. double d = 5. 3E12

C. float d = 3. 14f　　　　　　　D. double f = 11. 1E10f

21. 下列的哪个赋值语句是正确的？(　　　)

A. char a = 12　　　　　　　　B. int a = 12. 0;

C. int a = 12. 0f　　　　　　　　D. int a = (int)12. 0;

二、填空题

1. 3. 14156F 表示的是 _____

2. 阅读程序：

```
public class Test1 {
    public static void main(String args[ ]) {
        System. out. println(15/2);
    }
}
```

其执行结果是 _____

3. 设 a = 16，则表达式 a >>> 2 的值是 _____

4. 阅读程序：

```
public class Test2 {
    public static void main(String args[ ]) {
        int i = 10, j = 5, k = 5;
        System. out. println("i+j+k ="+ i+j+k);
    }
}
```

其执行结果是 _____

三、实训题

1. 编写一个应用程序，定义两个整型变量 n1，n2。当 n1 = 22，n2 = 64 时计算输出 n1+n2，n1-n2，n1 * n2，n1/n2，n1%n2 的值。

2. 编写一个应用程序，定义两个整型变量 n1，n2 并赋给任意值。计算输出 n1>n2，n1<n2，n1-n2>=0，n1-n2<=0，n1%n2 = =0 的值。

3. 编写一个应用程序，定义两个 float 变量 C、F。计算公式 C = 5/9(F-32)，计算当 F = 60、F = 90 时，输出 C 的值。

4. 编写一个应用程序计算圆的周长和面积，设圆的半径为 1. 5，输出圆的周长和面积值。

5. 从命令行输入数据并测试以下程序，并认真思考程序运行的逻辑过程。

```java
import java.util.Scanner;
public class Example2_3 {
    public static void main (String args[ ]) {
        System.out.println("请输入若干个数，每输入一个数回车确认");
        System.out.println("最后输入数字 0 结束输入操作");
        Scanner reader=new Scanner(System.in);
        double sum=0;
        int m=0;
        double x = reader.nextDouble();
        while(x! =0) {
            m=m+1;
            sum=sum+x;
            x=reader.nextDouble();
        }
        System.out.println(m+"个数的和为"+sum);
        System.out.println(m+"个数的平均值"+sum/m);
    }
}
```

第3章 程序设计基础

本章将介绍 Java 程序的注释方式、简单的输入/输出语句以及控制程序流程的分支结构和循环结构语句。

3.1 Java 程序的注释方式

一般程序设计语言都提供了程序注释的方式，要想让别人读懂自己编写的程序，没有注释是比较困难的。

Java 提供了两种注释方式：程序注释和程序文档注释。

3.1.1 程序注释

如前所述，程序注释主要是为了程序的易读性。阅读一个没有注释的程序是比较痛苦的事情，因为对同一个问题，不同的人可能有不同的处理方式，要从一行行的程序语句中来理解他人的处理思想是比较困难的，特别对初学者来说。因此一个程序语句，一个程序段，一个程序，它们的作用是什么，必要时都应该用注释简要说明。

程序中的注释不是程序的语句部分，它可以放在程序的任何地方，系统在编译时会忽略它们。

注释可以在一行上，也可在多行上。有如下两种方式的注释。

1. 以双斜杠(//)开始

以"//"开始后跟注释文字。这种注释方式可单独占一行，也可放在程序语句的后边。

例如，在下边的程序片段中使用注释：

```
//下面定义程序中所使用的量
int id;          //定义一整型变量 id，表示识别号码。
String name;     //定义一字符串变量 name，表示名字。
```

2. 以"/ * "开始，以" * /"结束

当需要多行注释时，一般使用"/ * …… * /"格式作注释，中间为注释内容。

例如，在下边的程序片段中使用注释：

```
/ *本程序是一个示例程序，在程序中定义了如下两个方法：
 * setName ( String ) ---设置名字方法。
 * getName ( ) --- 获取名字方法。
 * /
```

```
public void setName(String name){
    ……
    }
    public String getName( ){
    return name;
}
```

3.1.2   程序文档注释

程序文档注释是 Java 特有的注释方式,它规定了一些专门的标记,其目的是用于自动生成独立的程序文档。

程序文档注释通常用于注释类、接口、变量和方法。下面看一个注释类的例子:

```
/ *
    * 该类包含了一些操作数据库常用的基本方法,诸如:在库中建立新的数据表、
    * 在数据表中插入新记录、删除无用的记录、修改已存在的记录中的数据、查询
    * 相关的数据信息等功能。
    * @ author unascribed
    * @ version 1.50, 02/02/06
    * @ since JDK2.0
    * /
```

在上边的程序文档注释中,除了说明文字之外,还有一些@字符开始的专门的标记,说明如下:

@ author 用于说明本程序代码的作者;

@ version 用于说明程序代码的版本及推出时间;

@ since 用于说明开发程序代码的软件环境。

还有一些其他的标记没有列出,需要时可参阅相关的手册及帮助文档。此外文档注释中还可以包含 HTML 标注。

JDK 提供的文档生成工具 javadoc.exe 能识别注释中这些特殊的标记和标注,并根据这些注解生成超文本 Web 页面形式的文档。

3.2   Java 程序的输入输出

在开始编写 Java 应用程序之前,先介绍一下 Java 程序的输入输出。在任何程序中,输入数据和输出结果都是必不可少的。由于输入和输出的途径不同,输入输出的方法也就不一样。Java 没有提供专用的输入输出命令或语句,它的输入输出是靠系统提供的输入输出类的方法实现的。

下边我们就以字符界面和图形界面两种形式简要介绍一下标准设备(键盘、显示器)的输入输出方法。

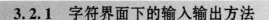

3.2.1　字符界面下的输入输出方法

字符界面下的输入输出是由 Java 的基类 System 提供的, 在前边的示例中, 我们已经使用了 System. out. println( )方法在屏幕上输出信息。下边看一下输入输出方法的一般格式。

1. 输入方法

格式: System. in. read( );

功能: 该方法的功能是从键盘上接受一个字符, 按照 byte 类型的数据处理。若将它转换为字符型, 它就是字符本身; 若转换为整型, 它是扩展字符的 ASCII 码值(0~255)。

2. 输出方法

格式 1: System. out. print(表达式);

格式 2: System. out. println(表达式);

功能: 在屏幕上输出表达式的值。

这两个方法都是最常用的方法, 两个方法之间的差别是, 格式 1 输出表达式的值后不换行, 格式 2 在输出表达式的值后换行。

3. 应用示例

【例 3.1】从键盘上输入一个字符, 并在屏幕上以数值和字符两种方式显示其值。示例程序代码如下:

```
/* 示例 3.1 程序名: Example3_1. java
  * 这是一个字符界面输入输出的简单示例。
  * 它主要演示从键盘上输入一个字符, 然
  * 后以字节方式、字符方式在屏幕上输出。
  */
class Example3_1{
  public static void main( String args[ ] ){
      int num1 = 0;
      try{
        System. out. print( "请输入一个字符: " );
        num1 = System. in. read( );     //从键盘上输入一个字符并把它赋给 num1
        System. out. println( "以数值方式显示, 是输入字符的 ASCII 值 = " +num1);
        System. out. println( "以字符方式显示, 显示的是字符本身 = " +( char) num1);
      }
      catch( Exception e1) {
      System. out. println( "输入错误 " );
    }
  }
}
```

在上边的程序中, 使用了异常处理 try~catch( )语句, 这是 System. in. read( )所要求的。在 Java 中引入了异常处理机制, 对于一些设备的 I/O 处理、文件的读写处理等, 都必须进行异常处理。本书将在后边的章节介绍异常处理, 在这里只是简单认识一下它的基本结构。程

序的运行屏幕如图 3.1 所示。

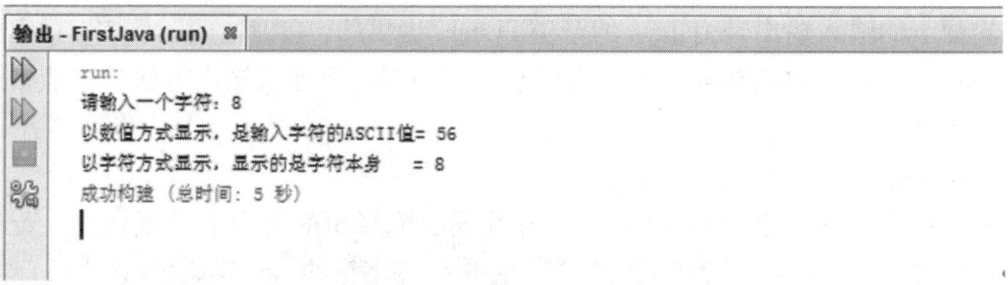

图 3.1　示例 3.1 运行屏幕

3.2.2　图形界面下的输入输出方法

有关图形界面的程序设计将在后边的章节详细介绍，本节将以对话框的形式介绍图形界面下的输入输出。

在 javax. swing 类库中的 JOptionPane 类提供了相应的输入输出方法。

1. 输入方法

格式 1：JOptionPane. showInputDialog(输入提示信息)；

格式 2：JOptionPane. showInputDialog(输入提示信息，初值)；

功能：系统显示一个对话框，可以在输入提示信息后边的文本框中输入值。格式 2 带有初值，在输入的文本框中显示该值，若要改变其值，直接输入新的值即可。

2. 输出方法

格式 1：JOptionPane. showMessageDialog(框架，表达式)；

格式 2：JOptionPane. showMessageDialog(框架，表达式，标题，信息类型)；

功能：在对话框中显示相关的信息。

其中：

(1)框架是显示该对话框所使用的框架(框架其实是一个屏幕容器组件，将在后边的章节介绍它)。如果使用系统默认的框架，选择 null。

(2)表达式是将在对话框中显示的信息。

(3)标题是将在对话框标题栏显示的信息。

(4)信息类型是一个常量，表明显示什么信息，部分常量说明如下：

JOptionPane. ERROR_MESSAGE 或 0　　　　　错误信息显示；

JOptionPane. INFORMATION_MESSAGE 或 1　　通知信息显示；

JOptionPane. WARNING_MESSAGE 或 2　　　　警告信息显示；

JOptionPane. QUESTION_MESSAGE 或 3　　　询问信息显示；

JOptionPane. PLAIN_MESSAGE 或 −1　　　　完全信息显示。

3. 示例

【例 3.2】输入 a，b 两个数，输出 a，b 之中的最大者并输出 a 与 b 的差值。

```
/*
  *这是一个求 a，b 之中最大值及差值的程序，程序的名字：Example3_2. java
```

```
    * 主要演示图示界面的输入输出方法的使用。
    */
import javax. swing. *;
class Example3_2{
public static void main(String args[]) {
    String str1 = JOptionPane. showInputDialog("输入 a 的值: ");
    String str2 = JOptionPane. showInputDialog("输入 b 的值: ");
    int a = Integer. parseInt(str1);        //将输入的数值字符串转换为数值赋给 a
    int b = Integer. parseInt(str2);        //将输入的数值字符串转换为数值赋给 b
    int max = a>b ? a : b;                  //求 a, b 之中的最大者赋给 max
    JOptionPane. showMessageDialog(null, "最大值="+max+"差值="+(a-b), "示例", -1);
    System. exit(0);                        //结束程序运行, 返回到开发环境
    }
}
```

图 3.2 显示了程序运行时的操作步骤及最后结果, 在程序运行后先弹出如图 3.2(a) 所示的对话框, 输入 a 的值后, 单击"确定"按钮, 弹出第二个输入对话框, 输入 b 的值, 单击"确定"按钮后, 弹出如图 3.2(c) 所示的第三个对话框显示结果。

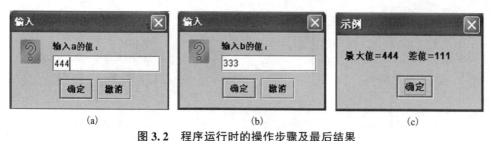

(a)　　　　　　　　　　　(b)　　　　　　　　　　　(c)

图 3.2　程序运行时的操作步骤及最后结果

在实际应用中, 用户操作界面一般是图形界面, 我们将在后边的章节详细介绍图形用户界面的部署, 在这里只是简单认识一下图形界面的操作及应用。

3.3　分支控制语句

Java 程序通过一些控制结构的语句来执行程序流, 完成一定的任务。程序流是由若干个语句组成的, 语句可以是单一的一条语句, 如 c=a+b; 也可以是用大括号"{ }"括起来的一个复合语句即语句块。

Java 语句包含一系列的流程控制语句, 这些控制语句表达了一定的逻辑关系, 所以可选择性地或者可重复性地执行某些代码行, 这些语句与其他编程语言中使用的流程控制语句大体相近, Java 的流程控制语句基本上是仿照 C/C++中的语句。每一个流程控制语句实际上是个代码块, 块的开始和结束都是用大括号来进行表示的, 其中"{"表示开始, "}"表示结束。在本节先介绍分支控制语句。

3.3.1 if 条件分支语句

一般情况下，程序是按照语句的先后顺序依次执行的，但在实际应用中，往往会出现这些情况，例如计算一个数的绝对值，若该数是一个正数(≥0)，其绝对值就是本身；否则取该数的负值(负负得正)。这就需要根据条件来确定执行所需要的操作。类似这样情况的处理，要使用 if 条件分支语句来实现。有三种不同形式 if 条件分支语句，其格式如下：

1. 格式 1

if (布尔表达式) 语句；

功能：若布尔表达式(关系表达式或逻辑表达式)产生 true (真)值，则执行语句，否则跳过该语句。执行流程如图 3.3 所示。

其中，语句可以是单个语句或语句块(用大括号"{}"括起的多个语句)。

例如，求实型变量 x 的绝对值的程序段：

float x = -45.2145f;

if(x<0) x = -x；

System. out. println("x =" + x)；

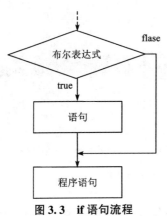

图 3.3   if 语句流程

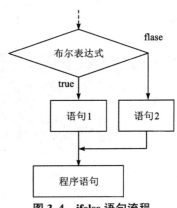

图 3.4   ifelse 语句流程

2. 格式 2

if (布尔表达式) 语句 1；

else 语句 2；

该格式分支语句的功能流程如图 3.4 所示，如果布尔表达式的值为 true 执行语句 1；否则执行语句 2。

例如，下边的程序段测试一门功课的成绩是否通过：

int score = 40；

boolean b = score>=60； //布尔型变量 b 是 false

if (b) System. out. println ("你通过了测试")；

else System. out. println ("你没有通过测试")；

这是一个简单的例子，我们定义了一个布尔变量，主要是说明一下它的应用。当然我们可以将上述功能程序段，写为如下方式：

```
int score = 40;
if (score>=60) System. out. println("你通过了测试");
else System. out. println("你没有通过测试");
```

3. 格式 3

```
if (布尔表达式 1) 语句 1;
else if (布尔表达式 2) 语句 2;
……
else if (布尔表达式 n-1) 语句 n-1;
else 语句 n;
```

这是一种多者择一的多分支结构,其功能是:如果布尔表达式 i (i=1~n-1)的值为 true,则执行语句 i;否则[布尔表达式 i (i=1~n-1)的值均为 false]执行语句 n。功能流程见图3.5。

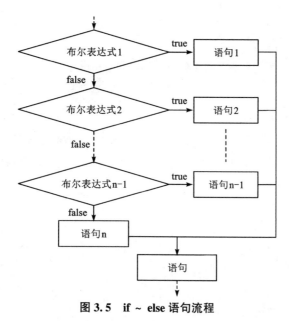

图 3.5　if ~ else 语句流程

【例 3.3】为考试成绩划定五个级别,当成绩大于或等于 90 分时,划定为优;当成绩大于或等于 80 且小于 90 时,划定为良;当成绩大于或等于 70 且小于 80 时,划定为中;当成绩大于或等于 60 且小于 70 时,划定为及格;当成绩小于 60 时,划定为差。可以写出下边的程序代码:

```
/ * 这是一个划定成绩级别的简单程序
  * 程序的名字是 Example3_3. java
  * 它主要演示多者择一分支语句的应用。
  * /
public class Example3_3{
  public static void main(String args[]){
    int score = 75;
```

```
    if( score>=90) System. out. println("成绩为优="+score);
    else if( score>=80) System. out. println("成绩为良="+score);
    else if( score>=70) System. out. println("成绩为中="+score);
    else if( score>=60) System. out. println("成绩为及格="+score);
    else System. out. println("成绩为差="+score);
    }
}
```

程序运行结果如图 3.6 所示。

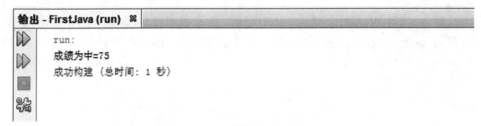

图 3.6   示例 3.3 运行结果

3.3.2   switch 条件语句

如上所述, if ~ else 是实现多分支的语句。但是当分支较多时, 使用这种形式会显得比较麻烦, 程序的可读性差且容易出错。Java 提供了 switch 语句实现"多者择一"的功能。switch 语句的一般格式如下:

```
switch(表达式)
{
    case 常量 1: 语句组 1; [ break; ]
    case 常量 2: 语句组 2; [ break; ]
    ……
    case 常量 n−1: 语句组 n−1; [ break; ]
    case 常量 n: 语句组 n; [ break; ]
    default: 语句组 n+1;
}
```

其中:

(1)表达式是可以生成整数或字符值的整型表达式或字符型表达式。

(2)常量 i (i=1~n)是对应于表达式类型的常量值。各常量值必须是唯一的。

(3)语句组 i (i=1~n+1) 可以是空语句, 也可是一个或多个语句。

(4)break 关键字的作用是结束本 switch 结构语句的执行, 跳到该结构外的下一个语句执行。

switch 语句的执行流程如图 3.7 所示。先计算表达式的值, 根据计算值查找与之匹配的常量 i, 若找到, 则执行语句组 i, 遇到 break 语句后跳出 switch 结构, 否则继续执行下边的语句组。如果没有查找到与计算值相匹配的常量 i, 则执行 default 关键字后的语句 n+1。

【例 3.4】使用 switch 结构重写例 3.3，程序参考代码如下：

```
/*
 *这是一个划定成绩级别的简单程序
 *程序的名字是 Example3_4.java
 *它主要演示多者择一分支语句的应用。
 */
public class Example3_4 {
    public static void main(String args[]) {
        int score = 75;
        int n = score/10;
        switch(n) {
            case 10:
            case 9: System.out.println("成绩为优 = "+score);
                    break;
            case 8: System.out.println("成绩为良 = "+score);
                    break;
            case 7: System.out.println("成绩为中 = "+score);
                    break;
            case 6: System.out.println("成绩为及格 = "+score);
                    break;
            default: System.out.println("成绩为差 = "+score);
        }
    }
}
```

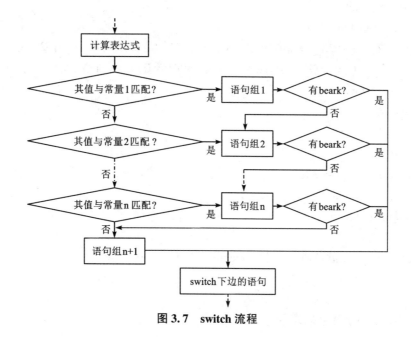

图 3.7　switch 流程

比较一下，我们可以看出，用 switch 语句处理多分支问题，结构比较清晰，程序易读易懂。使用 switch 语句的关键在于计值表达式的处理，在上边程序中 n = score/10，当 score = 100 时，n = 10；当 score 大于或等于 90 且小于 100 时，n = 9，因此常量 10 和 9 共用一个语句组。此外 score 在 60 以下，n = 5，4，3，2，1，0，统归为 default，共用一个语句组。

程序运行结果如图 3.8 所示。

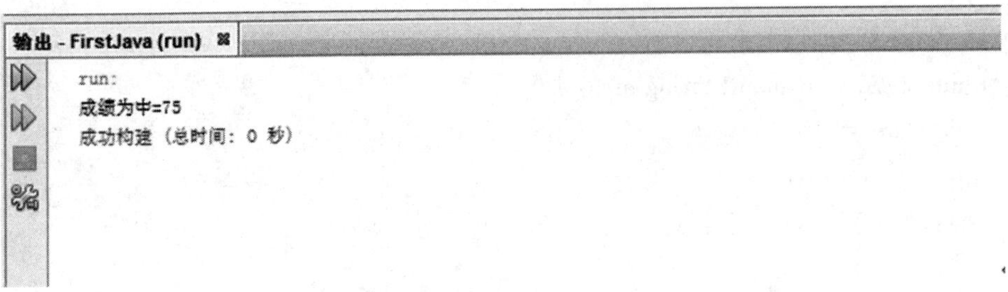

图 3.8　示例 3.4 运行结果

【例 3.5】给出年份、月份，计算输出该月的天数。

```
/* 这是一个计算某年某月天数的程序
 * 程序的名字是：Example3_5. java
 * 程序的目的是演示 switch 结构的应用。
 */
public class Example3_5 {
    public static void main(String args[]) {
        int year = 1980;
        int month = 2;
        int day = 0;
        switch(month) {
        case 2: day=28; //非闰年 28 天，下边判断是否是闰年，闰年 29 天
                if(((year%4==0)&&((year%400==0)||(year%100!=0)))) day++;
                break;
        case 4:
        case 6:
        case 9:
        case 11: day = 30;
                 break;
        default: day = 31;
        }
        System. out. println(year+"年"+month+"月有"+day+"天");
    }
}
```

程序运行结果如图 3.9 所示。

图 3.9　示例 3.5 运行结果

当然你也可以使用 if~else 语句结构来编写该应用的代码，这一任务作为作业留给大家。比较一下，看看哪种方式更好一些，更容易被接受。

3.4　循环控制语句

在程序中，重复地执行某段程序代码是最常见的，Java 也和其他的程序设计语言一样，提供了循环执行代码语句的功能。

3.4.1　for 循环语句

for 循环语句是最常见的循环语句之一。for 循环语句的一般格式如下：

for (表达式 1; 表达式 2; 表达式 3){
　语句组; //循环体
}

其中：

(1)表达式 1 一般用于设置循环控制变量的初始值，例如：int i=1;

(2)表达式 2 一般是关系表达式或逻辑表达式，用于确定是否继续进行循环体语句的执行。例如：i<100;

(3)表达式 3 一般用于循环控制变量的增减值操作。例如：i++; 或 i--;

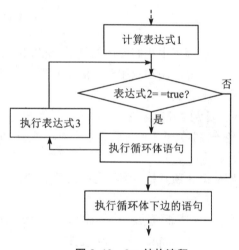

图 3.10　for 结构流程

(4)语句组是要被重复执行的语句称之为循环体。语句组可以是空语句(什么也不做)、单个语句或多个语句。

for 循环语句的执行流程如图 3.10 所示。先计算表达式 1 的值；再计算表达式 2 的值，若其值为 true，则执行一遍循环体语句；然后再计算表达式 3 的值；之后又一次计算表达式 2 的值，若值为 true，则再执行一遍循环体语句；又一次计算表达式 3 的值；再一次计算表达式 2 的值，……如此重复，直到表达式 2 的值为 false，结束循环，执行循环体下边的程序语句。

【例 3.6】计算 sum = 1+2+3+4+5+⋯+100 的值。

/ * 这是一个求和的程序
　* 程序的名字是：Example3_6. java
　* 主要是演示 for 循环结构的应用。

```
    */
public classExample3_6{
    public static void main(String args[]){
        int sum=0;
        for(int i=1; i<=100; i++){
            sum=sum+i;
            }
        System. out. println("sum="+sum) ;
        }
}
```

程序运行结果如图 3.11 所示。

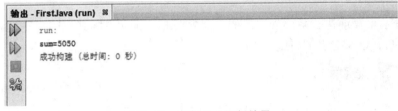

图 3.11　示例 3.6 运行结果

该例子中我们使用的是 for 标准格式的书写形式，在实际应用中，可能会使用一些非标准但符合语法和应用要求的书写形式。不管何种形式，我们只要掌握 for 循环的控制流程即可。下边我们看一个例子。

【例 3.7】这是一个古典数学问题：一对兔子从它们出生后第 3 个月起，每个月都生一对小兔子，小兔子 3 个月后又生一对小兔子，假设兔子都不死，求每个月的兔子对数。该数列为：

$$1\quad1\quad2\quad3\quad5\quad8\quad13\quad21\cdots$$

即从第 3 项开始，该项是前两项之和。求 100 以内的斐波那契数列。程序参考代码如下：

```
/*
 * 功能概述：生成 100 以内的斐波那契数列
 * Example3_7. java 文件
 */
public class Example3_7{
    public static void main(String args[]){
        System. out. println("斐波那契数列：") ;
        /*采用 for 循环，声明 3 个变量：
            i---当月的兔子数(输出)；
            j---上月的兔子数；
            m---中间变量，用来记录本月的兔子数
        */
        for(int i=1, j=0, m=0;   i<100; ){
            m=i;                          //记录本月的兔子数
```

```
            System. out. print(" "+i);        //输出本月的兔子数
            i=i+j;                             //计算下月的兔子数
            j=m;                               //记录本月的兔子数
        }
        System. out. println(" ");
    }
}
```

编译运行程序,结果如图 3.12 所示。

在该程序中我们使用了非标准形式的 for 循环格式,缺少表达式 3。在实际应用中,根据程序设计人员的喜好,三个表达式中,哪一个都有可能被省去。但无论哪种形式,即便三个表达式语句都省去,两个表达式语句的分隔符";"必须存在,缺一不可。

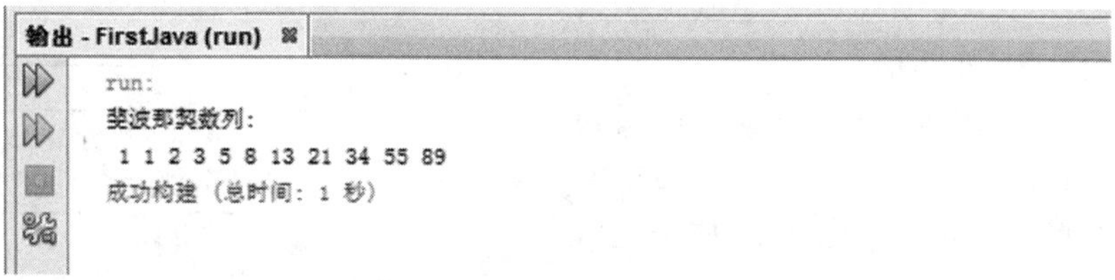

图 3.12　示例 3.7 运行结果

【例 3.8】 计算 8+88+888+8888…的前 12 项和。

```
/ *
  * 功能概述: 求类似 1+11+111+1111 前 n 项之和
  * Example3_8. java 文件
  */
public class Example3_8 {
    public static void main(String args[ ]){
        long sum=0, a=8, item=a, n=12, i=1;
        for(i=1; i<=n; i++){
            sum=sum+item;
            item=item * 10+a;
        }
        System. out. println("前 12 项之和="+sum);
    }
}
```

程序结果如图 3.13 所示。

图 3.13　示例 3.8 运行结果

3.4.2　while 和 do~while 循环语句

一般情况下，for 循环用于处理确定次数的循环；while 和 do-while 循环用于处理不确定次数的循环。

1. while 循环

while 循环的一般格式是：

while(布尔表达式)

{

语句组；　//循环体

}

其中：

(1)布尔表达式可以是关系表达式或逻辑表达式，它产生一个布尔值。

(2)语句组是循环体，要重复执行的语句序列。

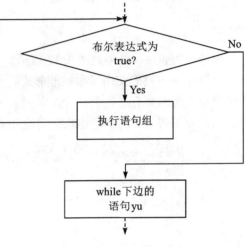

while 循环的执行流程如图 3.14 所示。当布尔表达式产生的布尔值是 true 时，重复执行循环体(语句组)操作，当布尔表达式产生值是 false 时，结束循环操作，执行 while 循环体下边的程序语句。

图 3.14　while 循环流程

【例 3.9】当 n=9 时，计算 n!，并分别输出 1! ~9! 各阶乘的值。

/* 程序的功能是计算 1~9 的各阶乘值

　*程序的名字是：Example3_9. java

　*目的在于演示 while()循环结构

　*/

```
public class Example3_9{
    public static void main(String args[]){
        int i=1;
        int product=1;
        while(i<=9){
            product * =i;
            System. out. println(i+"！ ="+product);
            i++;
        }
    }
}
```

图 3.15　例 3.9 运行结果

编译、运行程序，结果如图 3.15 所示。

【例 3.10】修改例 3.7 使用 while 循环显示 100 以内的斐波那契数列。请注意和 for 循环程序之间的差别。

/* 功能概述：使用 while 循环计算 100 以内的斐波那契数列

```
 * Example3_10. java 文件
 */
public class Example3_10 {
  public static void main( String args[ ] ) {
     int i = 1;
     int j = 0;
     int m = 0;
    System. out. println( "斐波那契数列: " );
       while( i<100 ) {
         m = i;
        System. out. print( " " +i);
         i = i+j;
         j = m;
       }
    System. out. println( "" );
    }
  }
```

程序运行结果如图 3.16 所示。

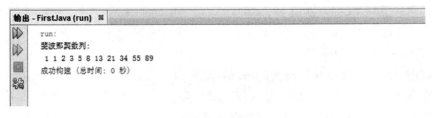

图 3.16　例 3.10 运行结果

【例 3.11】用 while 语句计算 1+1/2! +1/3! +1/4! +…的前 20 项和。
```
/*
 * 功能概述:求类似 1+1/2! +1/3! +1/4! +…前 n 项之和
 * Example3_11. java 文件
 */
public class Example3_11 {
    public static void main( String args[ ] ) {
        double sum = 0, item = 1;
        int i = 1, n = 20;
        while( i<=n ) {
            sum = sum+item;
            i = i+1;
            item = item * ( 1.0/i );
```

```
        }
        System. out. println("前 20 项之和 =" +sum);
    }
}
```

程序运行结果如图 3.17 所示。

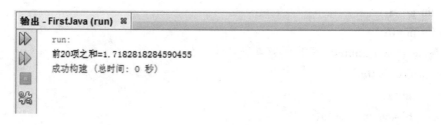

图 3.17　例 3.11 运行结果

2. do ~ while 循环

do ~ while 循环的一般格式是:

```
do {
语句组;    //循环体
}
while(布尔表达式);
```

我们注意一下 do-while 和 while 循环在格式上的差别,然后再留意一下它们在处理流程上的差别。图 3.18 描述了 do-while 的循环流程。

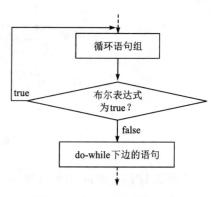

图 3.18　do-while 循环流程

从两种循环的格式和处理流程我们可以看出它们之间的差别在于: while 循环先判断布尔表达式的值,如果表达式的值为 true 则执行循环体,否则跳过循环体的执行。因此如果一开始布尔表达式的值就为 false,那么循环体一次也不被执行。do ~ while 循环是先执行一遍循环体,然后再判断布尔表达式的值,若为 true 则再次执行循环体,否则执行后边的程序语句。

无论布尔表达式的值如何,do ~ while 循环都至少会执行一遍循环体语句。下边我们看一个测试的例子。

【例 3.12】while 和 do ~ while 循环比较测试示例。

```
/ * Example3_12. java 文件
  * 功能概述:进行 while 和 do ~ while 循环的测试
  * /
public class Example3_12{
    public static void main(String args[ ]){
        int i=0;    //声明一个变量
        System. out. println("准备进行 while 操作");
```

```
while (i<0){
   i++;
   System. out. println("进行第"+i+"次 while 循环操作");
   }
System. out. println("准备进行 do-while 循环");
i=0;
do
{ i++;
   System. out. println("进行第"+i+"次 do-
while 循环操作");
   }
while(i<0);
}
}
```

图 3.19 示例 3.12 运行结果

编译、运行程序，结果如图 3.19 所示。大家可以分析一下结果，比较两种循环之间的差别。

3.5 其他控制语句

3.5.1 break 语句

在前边介绍的 switch 语句结构中，我们已经使用过 break 语句，它用来结束 switch 语句的执行，使程序跳到 switch 语句结构后的第一个语句去执行。

break 语句也可用于循环语句的结构中。同样它也用来结束循环，使程序跳到循环结构后边的语句去执行。

break 语句有如下两种格式：

(1) break;

(2) break 标号;

第一种格式比较常见，它的功能和用途如前所述。

第二种格式带标号的 break 语句并不常见，它的功能是结束其所在结构体(switch 或循环)的执行，跳到该结构体外由标号指定的语句去执行。该格式一般适用于多层嵌套的循环结构和 switch 结构中，当需要从一组嵌套较深的循环结构或 switch 结构中跳出时，该语句是十分有效的，它大大简化了操作。

在 Java 程序中，每个语句前边都可以加上一个标号，标号是由标识符加上一个":"字符组成的。

下边我们举例说明 break 语句的应用。

【例 3.13】输出 50~100 以内的所有素数。所谓素数即是只能被 1 和其自身除尽的正整数。

/＊这是一个求 50~100 所有素数的程序，程序名为：Example3_13. java

```
 * 目的是演示一下 break 语句的使用。
 */
class Example3_13 {
  public static void main(String args[ ]) {
    int n, m, i;
    for( n=50; n<100; n++){
      for( i=2; i<=n/2; i++){
        if(n%i==0)   break;   //被 i 除尽, 不是素数, 跳出本循环
      }
      if(i>n/2) {   //若 i>n/2, 说明在上边的循环中没有遇到被除尽的数
        System. out. print(n+"   ");   //输出素数
      }
    }
  }
}
```

程序运行结果如图 3.20 所示。

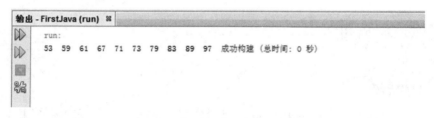

图 3.20   示例 3.13 运行结果

3.5.2   continue 语句

continue 语句只能用于循环结构中, 它和 break 语句类似, 也有两种格式:

(1)continue;

(2)continue 标号;

第一种格式比较常见, 它用来结束本轮循环(即跳过循环体中下面尚未执行的语句), 直接进入下一轮的循环。

第二种格式并不常见, 它的功能是结束本循环的执行, 跳到该循环体外由标号指定的语句去执行。它一般用于多重(即嵌套)循环中, 当需要从内层循环体跳到外层循环体执行时, 使用该格式十分有效, 它大大简化了程序的操作。

下边举例说明 continue 语句的用法。

【例 3.14】输出 10~1000 既能被 3 整除也能被 7 整除的数。

```
/ * 本程序计算 10~1000 既能被 3 整除也能被 7 整除的数
 * 程序的名字是: Example3_14. java
 * 目的是演示 continue 语句的用法。
 */
```

```
public class Example3_14{
    public static void main(String args[]){
        int k = 1;
        System.out.println("在 10~1000 可被 3 与 7 整除的为");
        for(int n = 10; n <= 1000; n++){
            if(n%3! = 0 || n%7! = 0) continue;
            System.out.print(n+" ");
            if( k + +% 10 = = 0) System.out.println
("");  //k 用来控制 1 行打印 10 个
        }
        System.out.println(" ");
    }
}
```

图 3.21 示例 3.14 运行结果

编译、运行程序，结果如图 3.21 所示。

3.5.3 返回语句 return

return 语句用于方法中，该语句的功能是结束该方法的执行，返回到该方法的调用者或将方法中的计算值返回给方法的调用者。return 语句有以下两种格式：

（1）return；

（2）return 表达式；

第一种格式用于无返回值的方法；第二种格式用于需要返回值的方法。

下边举一个例子简要说明 return 语句的应用。

【例 3.15】判断一个正整数是否是素数，若是则计算其阶乘。判断素数和计算阶乘作为方法定义，并在主方法中调用它们。程序参考代码如下：

```
/*该程序包含以下两个方法
 *prime()方法判断一个整数是否为素数
 *factorial()方法用于求一个整数的阶乘
 *目的主要是演示 return 语句的应用
 */
public class Example3_15{
    public static boolean prime(int n) {      //判断 n 是否是素数方法
        for(int i = 2; i < n/2; i++){
            if(n%i = = 0) return false;        //n 不是素数
        }
        return true;                           //n 是素数
    }                                          //prime()方法结束
    public static int factorial(int n) {       //求阶乘方法
        if(n <= 1) return 1;
        int m = 1;
```

```
        for( int i=1; i<=n; i++) m * =i;
        return m;
    }                                      //factorial( )方法结束
    public static void main( String args[ ] ) {    //主方法
        int n=13;
        System. out. println( n+"是素数吗?" +prime( n ) );
        if( prime( n ) ) System. out. println( n+"!  = " +factorial( n ) );
    }                                      //main( )方法结束
}
```

编译、运行程序,结果如图 3.22 所示。

图 3.22   例 3.15 运行结果

本章小结

本章讨论了程序的注释、简单的输入输出方法、条件分支结构的控制语句和循环结构的控制语句以及 break、continue、return 等控制语句,它们是程序设计的基础,应该认真理解、熟练掌握并应用。

本章重点:三种格式的 if 分支结构和 switch 多分支结构、for 循环结构、while 循环结构、do~while 循环结构、break 语句、continue 语句和 return 语句的使用。要注意不同格式分支结构的功能,不同循环结构之间使用上的差别,只有这样,我们才能在实际应用中正确使用它们。

习题 3

1.编写一个应用程序,用 for 循环输出英文的字母表。

2.编写一个应用程序求 1! +2! +…+20!。

3.编写一个应用程序求 50 以内的全部素数。

4.分别用 while 和 for 循环计算 1+1/2! +1/3! +1/4! +…的前 30 项和。

5.求满足 1+2! +3! +…+n! <=99999 的最大整数 n 。

6. 阅读程序, 回答下列程序的输出结果是什么。

```java
public class E {
    public static void main(String args[]) {
        char c = '\0';
        for(int i = 1; i <= 4; i++) {
            switch(i) {
                case 1: c = '你';
                        System.out.print(c);
                case 2: c = '好';
                        System.out.print(c);
                        break;
                case 3: c = '酷';
                System.out.print(c);
                default: System.out.print("!");
            }
        }
    }
}
```

第4章 面向对象的程序设计基础

如前所述，Java 语言是一种纯面向对象的编程语言，面向对象的程序设计是以类为基础的。从本章开始，我们将从类入手，详细介绍面向对象程序设计的基本思想和方法。

本章将简要介绍面向对象的基本概念、定义类、构造对象等。

4.1 面向对象的基本概念

随着计算机应用的深入，软件的需求量越来越大，另一方面计算机硬件飞速发展也使得软件的规模越来越大，导致软件的生产、调试、维护越来越困难，因而发生了软件危机。人们期待着一种效率高、简单、易理解且更加符合人们思维习惯的程序设计语言，以加快软件的开发步伐、缩短软件开发生命周期，面向对象就是在这种情况下应运而生的。

编程语言的发展经历了面向机器语言、面向过程语言、面向对象语言的发展阶段。

4.1.1 类和对象

类是组成 Java 程序的基本要素，类封装了一类对象的状态和方法，类是用来定义对象的模板。类的实现包括两部分：类声明和类体。基本格式为：

class 类名{
    类体的内容
}

我们可以把客观世界中的每一个实体都看作是一个对象，如一个人、一辆汽车、一个按钮、一只鸟等。因此对象可以简单定义为："展示一些定义好的行为的、有形的实体。"当然在我们的程序开发中，对象的定义并不局限于看得见摸得着的实体，诸如一个贸易公司，它作为一个机构，并没有物理上的形状，但却具有概念上的形状，它有明确的经营目的和业务活动。根据面向对象的倡导者 Grady Booch 的理论，对象具有如下特性：

（1）它具有一种状态；

（2）它可以展示一种行为；

（3）它具有唯一的标识。

对象的状态通过一系列属性及其属性值来表示；对象的行为是指在一定的期间内属性的改变；标识是用来识别对象的，每一个对象都有唯一的标识，诸如每个人都有唯一的特征，在社会活动中，使用身份证号码来识别。

我们生活在一个充满对象的世界中，放眼望去，有不同形状、不同大小和颜色各异的对象，有静止的和移动的对象。面对这些用途各异、五花八门的对象，我们该如何下手处理它们呢？借鉴于动物学家将动物分成纲、属、科、种的方法。我们也可以把这些对象按照它们所拥有的共同属性进行分类。例如，麻雀、鸽子、燕子等都叫作鸟。它们具有一些共同的特性：有羽毛、有飞翔能力、下蛋孵化下一代等。因此我们把它们归属为鸟类。

综上所述我们可以简单地把类定义为："具有共同属性和行为的一系列对象。"

4.1.2　面向对象的特点

1. 什么是面向对象

面向对象的方法将系统看作是现实世界对象的集合，在现实世界中包含被归类的对象。如前所述，面向对象系统是以类为基础的，我们把一系列具有共同属性和行为的对象划归为一类。属性代表类的特性，行为代表由类完成的操作。

例如：汽车类定义了汽车必须有的属性：车轮个数、颜色、型号、发动机的动力等；类的行为有：启动、行驶、加速、停止等。

对象是类的一个实例，它展示了类的属性和行为。例如，李经理的那辆红旗牌轿车就是汽车类的一个对象。

2. 面向对象的特性

（1）抽象

所谓抽象就是不同的角色站在不同的角度观察世界。比如，当你购买电视机时，站在使用的角度，你所关注的是电视机的品牌、外观及功能等。然而，对于电视机的维修人员来说，站在维修的角度，他们所关注的是电视机的内部，各部分元器件的组成及工作原理等。

其实，所有编程语言的最终目的都是提供一种"抽象"方法。在早期的程序设计语言中，一般把所有问题都归纳为列表或算法，其中一部分是面向基于"强制"的编程，而另一部分是专为处理图形符号设计的。每种方法都有自己特殊的用途，只适合解决某一类的问题。面向对象的程序设计可以根据问题来描述问题，不必受限于特定类型的问题。我们将问题空间中的元素称之为"对象"，在处理一个问题时，如果需要一些在问题空间没有的其他对象，则可通过添加新的对象类型与处理的问题相配合，这无疑是一种更加灵活、更加强大的语言抽象方法。

（2）继承

继承提供了一种有助于我们概括出不同类中共同属性和行为的机制，并可由此派生出各个子类。

例如，麻雀类是鸟类的一个子类，该类仅包含它所具有特定的属性和行为，其他的属性和行为可以从鸟类继承。我们把鸟类称之为父类（或基类），把由鸟类派生出的麻雀类称之为子类（或派生类）。

在 Java 中，不允许类的多重继承（即子类从多个父类继承属性和行为），也就是说子类只允许有一个父类。父类派生多个子类，子类又可以派生多个子子类……这样就构成了类的层次结构。

（3）封装

封装提供了一种有助于我们向用户隐藏他们所不需要的属性和行为的机制，而只将用户可直接使用的那些属性和行为展示出来。

例如,使用电视机的用户不需要了解电视机内部复杂工作的具体细节,他们只需要知道诸如开、关、选台、调台等这些设置与操作就可以了。

(4)多态

多态指的是对象在不同情况下具有不同表现的一种能力。

例如,一台长虹牌电视机是电视机类的一个对象,根据模式设置的不同,它有不同的表现。若我们把它设置为静音模式,则它只播放画面不播放声音。

在 Java 中通过方法的重载和覆盖来实现多态性。

3.面向对象的好处

今天我们选择面向对象的程序设计方法,其主要原因是:

(1)现实的模型

我们生活在一个充满对象的现实世界中,从逻辑理念上讲,用面向对象的方法来描述现实世界的模型比传统的过程方法更符合人的思维习惯。

(2)重用性

在面向对象的程序设计过程中,我们创建了类,这些类可以被其他的应用程序所重用,这就节省程序的开发时间和开发费用,也有利于程序的维护。

(3)可扩展性

面向对象的程序设计方法有利于应用系统的更新换代。当对一个应用系统进行某项修改或增加某项功能时,不需要完全丢弃旧的系统,只需对要修改的部分进行调整或增加功能即可。可扩展性是面向对象程序设计的主要优点之一。

4.2 类

面向对象的程序设计是以类为基础的,Java 程序是由类构成的。一个 Java 程序至少包含一个或一个以上的类。

4.2.1 定义类

如前所述,类是对现实世界中实体的抽象,类是一组具有共同特征和行为的对象的抽象描述。因此,一个类的定义包括如下两个方面:

定义属于该类对象共有的属性(属性的类型和名称);

定义属于该类对象共有的行为(所能执行的操作即方法)。

类包含类的声明和类体两部分,其定义类的一般格式如下:

［访问限定符］［修饰符］class 类名 ［extends 父类名］［implements 接口名列表>]//类声明

```
{                      //类体开始标志
［类的成员变量说明］    //属性说明
［类的构造方法定义］
［类的成员方法定义］    //行为定义
}                      //类体结束标志
```

对类声明的格式说明如下:

（1）方括号"［］"中的内容为可选项，在下边的格式说明中意义相同，不再重述。

（2）访问限定符的作用是：确定该定义类可以被哪些类使用。可用的访问限定符如下：

①public 表明是公有的。可以在任何 Java 程序中的任何对象里使用公有的类。该限定符也用于限定成员变量和方法。如果定义类时使用 public 进行限定，则类所在的文件名必须与此类名相同（包括大小写）。

②private 表明是私有的。该限定符可用于定义内部类，也可用于限定成员变量和方法。

③protected 表明是保护的。只能为其子类所访问。

④默认访问。若没有访问限定符，则系统默认是友元的（friendly）。友元的类可以被本类包中的所有类访问。

（3）修饰符的作用是：确定该定义类如何被其他类使用。可用的类修饰符如下：

①abstract：说明该类是抽象类。抽象类不能直接生成对象。

②final：说明该类是最终类，最终类是不能被继承的。

（4）class 是关键字，定义类的标志（注意全是小写）。

（5）类名是该类的名字，是一个 Java 标识符，含义应该明确。一般情况下单词首字大写。

（6）父类名跟在关键字 "extends"后，说明所定义的类是该父类的子类，它将继承该父类的属性和行为。父类可以是 Java 类库中的类，也可以是本程序或其他程序中定义的类。

（7）接口名表是接口名的一个列表，跟在关键字"implements"后，说明所定义的类要实现列表中的所有接口。一个类可以实现多个接口，接口名之间以逗号分隔。如前所述，Java 不支持多重继承，类似多重继承的功能是靠接口实现的。

以上简要介绍了类声明中各项的作用，我们将在后边的章节进行详细讨论。

类体中包含类成员变量和类方法的声明及定义，类体以界定符左大括号"｛"开始，右大括号"｝"结束。类成员变量和类方法的声明及定义将在下边各节中进行详细讨论。

我们先看一个公民类的定义示例。

```
public class Citizen｛
    ［声明成员变量］      //成员变量（属性）说明
    ［定义构造方法］      //构造方法（行为）定义
    ［定义成员方法］      //成员方法（行为）定义
    ｝
```

我们把它定义为公有类，在任何其他的 Java 程序中都可以使用它。

4.2.2　成员变量

成员变量用来表明类的特征（属性）。声明或定义成员变量的一般格式如下：

［访问限定符］［修饰符］数据类型 成员变量名［ =初始值］；

其中：

（1）访问限定符用于限定成员变量被其他类中的对象访问的权限，和如上所述的类访问限定符类似。

（2）修饰符用来确定成员变量如何在其他类中使用。可用的修饰符如下：

①static：表明声明的成员变量为静态的。静态成员变量的值可以由该类所有的对象共享，它属于类，而不属于该类的某个对象。即使不创建对象，使用"类名.静态成员变量"也

可访问静态成员变量。

②final：表明声明的成员变量是一个最终变量，即常量。

③transient：表明声明的成员变量是一个暂时性成员变量。一般来说成员变量是类对象的一部分，与对象一起被存档(保存)，但暂时性成员变量不被保存。

④volatile：表明声明的成员变量在多线程环境下的并发线程中将保持变量的一致性。

(3)数据类型可以是简单的数据类型，也可以是类、字符串等类型，它表明成员变量的数据类型。

类的成员变量在类体内方法的外边声明，一般常放在类体的开始部分。

下边我们声明公民类的成员变量，公民对象所共有的属性有：姓名、别名、性别、出生年月、出生地、身份标识等。

```
import java.util. * ;
public class Citizen{
                //以下声明成员变量(属性)
String name;
String alias;
String sex;
Date birthday;//这是一个日期类的成员变量
String homeland;
String ID;
                //以下定义成员方法(行为)
……
}
```

在上边的成员变量声明中，除出生年月被声明为日期型(Date)外，其他均为字符串型。由于 Date 类被放在 java.util 类包中，所以在类定义的前边加上 import 语句。

4.2.3 成员方法

方法用来描述对象的行为，在类的方法中可分为构造器方法和成员方法，本小节先介绍成员方法。

成员方法用来实现类的行为。方法也包含两部分：方法声明和方法体(操作代码)。

方法定义的一般格式如下：

［访问限定符］［修饰符］返回值类型 方法名([形式参数表])　［throws 异常表］

```
 {
［变量声明］           //方法内用的变量，局部变量
［程序代码］           //方法的主体代码
［return [表达式]]     //返回语句
 }
```

在方法声明中：

(1)访问限定符如前所述。

(2)修饰符用于表明方法的使用方式。可用于方法的修饰符如下：

①abstract：说明该方法是抽象方法，即没有方法体(只有"{}"引起的空体方法)。

②final：说明该方法是最终方法，即不能被重写。

③static：说明该方法是静态方法，可通过类名直接调用。

④native：说明该方法是本地化方法，它集成了其他语言的代码。

⑤synchronized：说明该方法用于多线程中的同步处理。

(3)返回值类型应是合法的 java 数据类型。方法可以返回值，也可不返回值，可视具体需要而定。当不需要返回值时，可用 void(空值)指定，但不能省略。

(4)方法名是合法 Java 标识符，声明了方法的名字。

(5)形式参数表说明方法所需要的参数，有两个以上参数时，用"，"号分隔各参数，说明参数时，应声明它的数据类型。

(6)throws 异常表定义在执行方法的过程中可能抛出的异常对象的列表(放在后边的异常的章节中讨论)。

以上简要介绍了方法声明中各项的作用，在后边章节的具体应用示例中再加深理解。

方法体内是完成类行为的操作代码。根据具体需要，有时会修改或获取对象的某个属性值，也会访问列出对象的相关属性值。下边还以公民类为例介绍成员方法的应用，在类中加入设置名字、获取名字和列出所有属性值 3 个方法。

【例 4.1】完善公民类 Citizen。程序如下：

```
/ * 这是一个公民类的定义程序
  * 程序的名字是：Citizen. java
  * /
import java. util. * ;
public class Citizen{
                                    //以下声明成员变量(属性)
        String name;
        String alias;
        String sex;
        Date birthday;              //这是一个日期类的成员变量
        String homeland;
        String ID;
        //以下定义成员方法(行为)
        public String   getName(){   //获取名字方法
                                      //getName()方法体开始
        return name;                //返回名字
    }                               //getName()方法体结束
  / * * *下边是设置名字方法 * * */
  public void setName(String name)
  {                             //setName()方法体开始
      this. name=name;
  }                                 //setName()方法体结束
```

```
/ * * * 下边是列出所有属性方法 * * * /
public void displayAll( )
｛                    //displayAll( )方法体开始
    System. out. println(“姓名：”+name)；
    System. out. println(“别名：”+alias)；
    System. out. println(“性别：”+sex)；
    System. out. println(“出生：”+birthday. toLocaleString( ))；
    System. out. println(“出生地：”+homeland)；
    System. out. println(“身份标识：”+ID)；
｝                    //displayAll( )方法体结束
｝
```

在上边的示例中，两个方法无返回值(void)，一个方法返回名字(String)；两个方法不带参数，一个方法带有一个参数，有关参数的使用将在后边介绍。在显示属性方法中，出生年月的输出使用了将日期转换为字符串的转换方法 toLocaleString( )。

需要说明的是，在设置名字方法 setName( )中使用了关键字 this，this 代表当前对象，其实在方法体中引用成员变量或其他的成员方法时，引用前都隐含着“this.”，一般情况下都会缺省它，但当成员变量与方法中的局部变量同名时，为了区分且正确引用，成员变量前必须加“this.”不能缺省。

4.2.4　构造方法

构造方法用来构造类的对象。如果在类中没有构造方法，在创建对象时，系统使用默认的构造方法。定义构造方法的一般格式如下：

［public］类名(［形式参数列表］)｛
　　　　［方法体］

｝

我们可以把构造方法的格式和成员方法的格式作一个比较，可以看出构造方法是一个特殊的方法。应该严格按照构造方法的格式来编写构造方法，否则构造方法将不起作用。有关构造方法的格式强调如下：

(1)构造方法的名字就是类名。

(2)访问限定只能使用 public 或缺省。一般声明为 public，如果缺省，则只能在同一个包中创建该类的对象。

(3)在方法体中不能使用 return 语句返回一个值。

下边我们在例 4.1 定义的公民类 Citizen 中添加如下的构造方法：

```
    public Citizen( String name, String alias, String sex, Date birthday, String homeland,
String ID) ｛
        this. name = name；
        this. alias = alias；
        this. sex = sex；
        this. birthday = birthday；
```

```
        this. homeland = homeland;
        this. ID = ID;
    }
```

到此为止,我们简要介绍了类的结构并完成了一个简单的公民类的定义。

4.3　对象

我们已经定义了公民(Citizen)类,但它只是从"人"类中抽象出来的模板,要处理一个公民的具体信息,必须按这个模板构造出一个具体的人来,他就是 Citizen 类的一个实例,也称作对象。

4.3.1　对象的创建

创建对象需要以下三个步骤。

1. 声明对象

声明对象的一般格式如下:

类名　对象名;

例如:

Citizen p1, p2;　　//声明了两个公民对象

Float f1, f2;　　　//声明了两个浮点数对象

声明对象后,系统还没有为对象分配存储空间,只是建立了空的引用,通常称之为空对象(null)。因此对象还不能使用。

2. 创建对象

对象只有在创建后才能使用,创建对象的一般格式如下:

对象名 = new　类构造方法名([实参表]);

其中:类构造方法名就是类名。new 运算符用于为对象分配存储空间,它调用构造方法,获得对象的引用(对象在内存中的地址)。

例如:

p1 = new Citizen("丽柔", "温一刀", "女", new Date(), "中国上海", "410105651230274x");

f1 = new Float(30f);

f2 = new Float(45f);

注意:声明对象和创建对象也可以合并为一条语名,其一般格式是:

类名　对象名 = new　类构造方法名([实参表]);

例如:

Citizen p1 = new Citizen("丽柔", "温一刀", "女", new Date(), "中国上海", "410105651230274x");

Float f1 = new Float(30f);

Float f2 = new Float(45f);

3. 引用对象

在创建对象之后，就可以引用对象了。引用对象的成员变量或成员方法需要对象运算符"."。

引用成员变量的一般格式是：对象名.成员变量名

引用成员方法的一般格式是：对象名.成员方法名([实参列表])

在创建对象时，某些属性没有给予确定的值，随后可以修改这些属性值。例如：

Citizen p2 = new Citizen("李明", "", "男", null, "南京", "50110119850624273x");

对象 p2 的别名和出生年月都给了空值，我们可以下边的语句修正它们：

p2. alias = "飞翔鸟";

p2. birthday = new Date("6/24/85");

名字中出现别字，我们也可以调用方法更正名字：

p2. setName("李鸣");

4.3.2　对象的简单应用示例

本小节介绍两个简单的示例，以加深理解前边介绍的一些基本概念，对 Java 程序有一个较为全面的基本认识。

【例 4.2】编写一个测试 Citizen 类功能的程序，创建 Citizen 对象并显示对象的属性值。

```
/*  Citizen 测试程序
 *程序的名字是：TestCitizenExam4_2. java
 */
import java. util. *;
public class TestCitizenExam4_2{
  public static void main(String args[]){
      Citizen p1, p2;    //声明对象
                      //创建对象 p1, p2
      p1 = new Citizen("丽柔", "温一刀", "女", new Date("12/30/88"), "上海",
      "421010198812302740");
      p2 = new Citizen("李明", "  ", "男", null, "南京", "50110119850624273x");
      p2. setName("李鸣");    //调用方法更正对象的名字
      p2. alias = "飞翔鸟";    //修改对象的别名
      p2. birthday = new Date("6/24/85"); //修改对象的出生日期
      p1. displayAll();    //显示对象 p1 的属性值
      System. out. println("----------------------------");
      p2. displayAll();    //显示对象 p2 的属性值
    }
}
```

如前所述，一个应用程序的执行入口是 main() 方法，上边的测试类程序中只有主方法，没有其他的成员变量和成员方法，所有的操作都在 main() 方法中完成。

编译、运行程序，程序运行结果如图 4.1 所示。

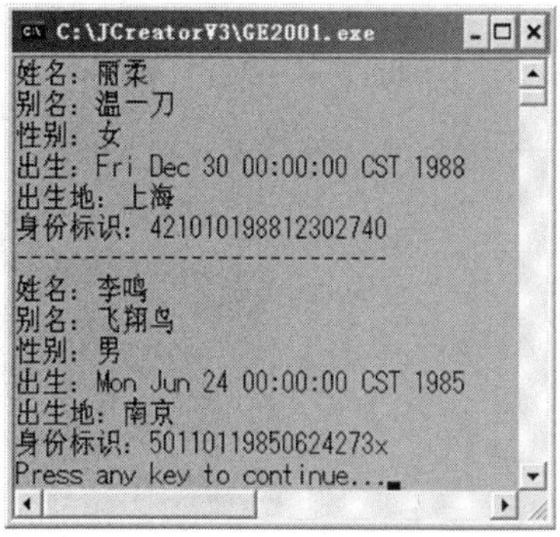

需要说明的是，程序中使用了 JDK1.1 的一个过时的构造方法 Date(日期字符串)，所以在编译的时候，系统会输出提示信息提醒你注意。一般不提倡使用过时的方法，类似的功能已由相关类的其他方法所替代。在这里使用它，主要是为了程序简单阅读容易。

请读者认真阅读程序，结合前边介绍的内容，逐步认识面向对象程序设计的基本方法。

在程序中，从声明对象、创建对象、修改对象属性到执行对象方法等，我们一切都是围绕对象在操作。

图 4.1　例 4.2 测试结果

【例 4.3】定义一个几何图形圆类，计算圆的周长和面积。

```
/*这是一个定义圆类的程序
  *程序的名字是 CircleExam4_3. prg
  *该类定义了计算面积和周长的方法。
  */
public class CircleExam4_3{
    final double PI = 3. 1415926;    //常量定义
    double radius = 0.0 ;             //变量定义
                                      //构造方法定义
    public CircleExam4_3( double radius){
        this. radius = radius;
    }
                                      //成员方法计算周长
    public double circleGirth( ){
        return radius * PI * 2.0;
    }
                                      //成员方法计算面积
    public double circleSurface( ){
        return radius * radius * PI;
    }
                                      //主方法
    public static void main( String [ ] args){
        CircleExam4_3 c1, c2;
        c1 = new CircleExam4_3(5.5);
        c2 = new CircleExam4_3( 17.2);
        System. out. println( "半径为 5. 5 圆的周长 = "+c1. circleGirth( )+" 面积 = "+c1. circleSurface( ));
        System. out. println( "半径为 17. 2 圆的周长 = "+c2. circleGirth( )+" 面积 = "+c2. circleSurface( ));
```

```
        }
    }
```

编译、运行程序，执行结果如图 4.2 所示。

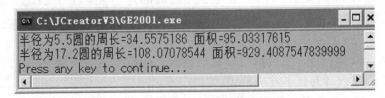

图 4.2   示例 4.3 运行结果

4.3.3   对象的清除

在 Java 中，程序员不需要考虑跟踪每个生成的对象，系统采用了自动垃圾收集的内存管理方式。运行时系统通过垃圾收集器周期性地清除无用对象并释放它们所占的内存空间。

垃圾收集器作为系统的一个线程运行，当内存不够用时或当程序中调用了 System. gc( ) 方法要求垃圾收集时，垃圾收集器便与系统同步运行开始工作。在系统空闲时，垃圾收集器和系统异步工作。

事实上，在类中都提供了一个撤销对象的方法 finalize( )，但并不提倡使用该方法。若在程序中确实希望清除某对象并释放它所占的存储空间时，只需将空引用(null)赋给它即可。

4.4   方法的进一步讨论

我们已经介绍了方法的声明及方法的引用。本节主要讨论方法引用中的参数传递、方法的重载以及 static(静态)方法等概念。

4.4.1   方法引用及参数传递

在 Java 中，方法引用有两种方式：系统自动引用和程序引用。系统自动引用一般用在一些特定的处理中，我们将在后边的章节遇到它。本小节主要介绍程序引用方法及参数传递问题。

1. 方法声明中的形式参数

在方法声明中的"( )"中说明的变量被称之为形式参数(形参)，形参也相当于本方法中的局部变量，和一般局部变量所不同的是，它自动接受方法引用传递过来的值(相当于赋值)，然后在方法的执行中起作用。例如，在 Citizen 类中的方法：

```
public void setName( String name) {
        this. name = name;
    }
```

当对象引用该方法时，该方法的形参 name 接受对象引用传递过来的名字，然后它被赋给对象的属性 name。

2. 方法引用中的实际参数

一般我们把方法引用中的参数称为实际参数(实参),实参可以是常量、变量、对象或表达式。例如:

Citizen p2＝new Citizen("李明"," ","男",null,"南京","50110119850624273x");

p2. setName("李鸣");

方法引用的过程其实就是将实参的数据传递给方法的形参,以这些数据为基础,执行方法体完成其功能。

由于实参与形参按对应关系一一传递数据,因此在实参和形参的结合上必须保持"三一致"的原则,即:

(1)实参与形参的个数一致;

(2)实参与形参对应的数据类型一致;

(3)实参与形参对应顺序一致。

3. 参数传递方式

参数传递的方式有两种:按值传递和按引用传递。

(1)按值传递方式

一般情况下,如果引用语句中的实参是常量、简单数据类型的变量或可计算值的基本数据类型的表达式,那么被引用的方法声明的形参一定是基本数据类型的。反之亦然。这种方式就是按值传递的方式。

(2)按引用传递方式

当引用语句中的实参是对象或数组时,那么被引用的方法声明的形参也一定是对象或数组。反之亦然。这种方式称之为是按引用传递的。

下边举例说明参数的传递。

【例4.4】传递方法参数示例。

```
/*这是一个简单的说明方法参数使用的示例程序
 *程序的名字:ParametersExam4_4. java
 */
public class ParametersExam4_4{
/*下边定义方法 swap(int n1, int n2),该方法从调用者传递的实际参数值获得 n1, n2
 *的值,这是一种传值方式。方法的功能是交换 n1, n2 的值。
 */
 public void swap(int n1, int n2)  {          //定义成员方法带两个整型参数
     int n0;        //定义方法变量 n0,
     n0＝n1;        //先将 n1 的值赋给 n0
     n1＝n2;        //再将 n2 的值赋给 n1
     n2＝n0;        //最后将 n0 (原 n1) 的值赋给 n2
     System. out. println("在 swap( )方法中: n1 ＝"+n1+" n2 ＝"+n2+" \n-------------");
     }
public static void main(String [ ] arg) {   //以下定义 main( )方法
```

```
    int   n1 = 1, n2 = 10;     //定义方法变量
    ParametersExam4_4 par = new ParametersExam4_4(); //创建本类对象
    par. swap(n1, n2); //以方法变量 n1, n2 的值为实参调用方法 swap
    System. out. println("在 main()方法中: n1 = " +n1+" n2 = " +n2);
  }
}
```

编译、运行程序, 执行结果如图 4.3 所示。

看到程序的执行结果, 读者可能会有疑问, 不是在 swap 方法中交换了 n1, n2 的值么, 为什么在 main()中仍然是原来的值呢?

程序的执行过程是这样的: 当在 main()方法中执行对象的 swap()方法时, 系统将方法调用中的实参 n1, n2 的值传递给 swap()方法的形式参数

图 4.3   例 4.4 运行结果

n1, n2, 在 swap()方法体的执行中形式参数 n1, n2 的值被交换, 这就是我们看到的 swap()方法中的输出结果, 由于形参 n1, n2 是 swap()方法的局部变量, 它们只在该方法中有效, 它们随方法的结束而消失, 因此在 swap()方法中并没有涉及对实参的改变, 所以在 main()方法中, n1, n2 还是原来的值。

【例 4.5】方法参数传递引用方式示例。

```
/ * 这是一个简单的说明方法参数使用的示例程序
  * 程序的名字: ParametersExam4_5. java
  */
import java. util. * ;
public class ParametersExam4_5{
  / * 下边定义方法 swap()
    * 对象 n 从调用者传递的实际参数获得引用。
    * 该方法的功能是交换对象中成员变量 n1, n2 的值。
    */
  public void swap(Citizen p1, Citizen p2){
    Citizen p;       //定义方法变量 p
    p = p1; p1 = p2; p2 = p;                          //交换 p1, p2 对象的引用
    p2. alias = "发烧游二";                            //修改 p2 的别名
    p1. alias = "网中述大";                            //修改 p1 的别名
    System. out. println(p1. name+"   " +p1. alias+"   " +p1. sex); //显示相关属性
    System. out. println(p2. name+"   " +p2. alias+"   " +p2. sex); //显示相关属性
    System. out. println("----------------------");
  }
//以下定义 main()方法
public static void main(String args[ ]){
    ParametersExam4_5 par = new ParametersExam4_5();            //创建本类对象
```

```
//下边创建两个 Citizen 对象
Citizen p1=new Citizen("钱二","","男",new Date("12/23/88"),"杭州"," ");
Citizen p2=new Citizen("赵大","","男",new Date("8/31/85"),"北京"," ");
par.swap(p1,p2);                    //以对象 p1,p2 为实参调用方法 swap
p1.displayAll();                    //输出 p1 对象的属性值
System.out.println("--------------------------");
p2.displayAll();                    //输出 p2 对象的属性值
    }
}
```

编译、运行程序,程序的执行结果如图 4.4 所示。

程序的执行过程是这样的:当在 main()方法中执行对象的 swap()方法时,系统将方法调用中的实参 p1,p2 对象引用传递给 swap()方法的形式参数 p1,p2 对象。在 swap()方法体的执行中形式参数 p1,p2 对象引用值(即地址)被交换,随后修改了对象的属性值,这就是我们看到的 swap()方法中的输出结果。同样由于形参 p1,p2 是 swap()方法的局部变量,它们只在该方法中有效,它们随方法的结束而消失。但需要注意的是,swap()方法中修改的对象属性值并没有消失,这些修改是在原对象的地址上修改的,方法结束,只是传递过来的原对象引用的副本消失,原对象依然存在。因此我们就看到了 main()中的显示结果。

图 4.4　例 4.5 运行结果

4.4.2　方法的重载

所谓重载(Overloading)就是指在一个类中定义了多个相同名字的方法,每个方法具有一组唯一的形式参数和不同的代码,实现不同的功能。

方法的名字一样,在对象引用时,系统如何确定引用的是哪一个方法呢?

在 Java 中,方法的名称、类型和形式参数等构成了方法的签名,系统根据方法的签名确定引用的是哪个方法,因此方法的签名必须唯一。所以我们在编写重载方法时,应该注意以下两点:

(1)方法的返回值类型对方法的签名没有影响,即返回值类型不能用于区分方法,因为方法可以没有返回值。

(2)重载方法之间是以所带参数的个数及相应参数的数据类型来区分的。

下边我们举例说明方法重载的应用。例如,在 Citizen 类中添加如下的构造方法:

```
public Citizen(){
    name="无名";
    alias="匿名";
    sex=" ";
    birthday=new Date();
    homeland=" ";
```

```
    ID = "    ";
}
```

然后再添加如下 3 个显示对象属性的成员方法:

```
/* * * * * 显示 3 个字符串属性值的方法 * * * */
public void display(String str1, String str2, String str3) {
    System. out. println(str1+"    "+str2+"    "+str3);
}

/* * * * * 显示 2 个字符串属性值和一个日期型属性的方法 * * * */
public void display(String str1, String str2, Date d1) {
    System. out. println(str1+"    "+str2+"    "+d1. toString());
}

/* * * * * 显示 3 个字符串属性值和一个日期型属性的方法 * * * */
public void display(String str1, String str2, Date d1, String str3) {
    System. out. println(str1+"    "+str2+"    "+d1. toString()+"    "+str3);
}
```

在 Citizen 类中添加上述的方法之后，我们给出一个测试重载方法的例子:

【例 4.6】 使用 Citizen 类创建对象，显示对象的不同属性值。

```
/* 这是一个简单的测试程序
  * 程序的名字是: TestCitizenExam4_6. java
  * 程序的目的是演示重载方法的使用。
  */
public class TestCitizenExam4_6 {
    public static void main(String [ ] args) {
        Citizen p1, p2;                              //声明对象
        p1 = new Citizen();                          //创建对象
        p2 = new Citizen("钱二", "发烧游二", "男", new Date("12/23/88"), "杭州", "暂
无");
        System. out. println("-----对象 p1-----");
        p1. display(p1. name, p1. alias, p1. sex);         //显示姓名、别名、性别
        p1. display(p1. name, p1. alias, p1. birthday);    //显示姓名、别名、生日
        p1. display(p1. name, p1. sex, p1. birthday, p1. ID); //显示姓名、性别、生日及出生地
        System. out. println("-----对象 p2-----");
        p2. display(p2. name, p2. alias, p2. sex);         //显示姓名、别名、性别
        p2. display(p2. name, p2. sex, p2. birthday, p2. homeland); //显示姓名、性别、生日
        及出生地
        p2. display(p2. name, p2. ID, p2. birthday, p2. sex); //显示姓名、身份标识、生日、
        性别
    }
}
```

编译、运行程序，程序执行结果如图 4.5 所示。

请读者认真阅读程序，理解重载方法的应用。

方法的重载实现了静态多态性（编译时多态）的功能。在很多情况下使用重载非常方便，比如在数学方法中求绝对值问题，按照 Java 中的基本数据类型 byte、short、int、long、float、double，在定义方法时，如果使用六个不同名

图 4.5　示例 4.6 运行结果

称来区分它们，在使用中不但难以记忆还比较麻烦。若使用一个名字 abs( )且以不同类型的参数区分它们，这样做既简洁又方便。

4.4.3　静态(static)方法

所谓静态方法，就是以"static"修饰符说明的方法。在不创建对象的前提下，可以直接引用静态方法，其引用的一般格式为：

类名.静态方法名([实参表])

一般我们把静态方法称之为类方法，而把非静态方法称之为类的实例方法（即只能被对象引用）。

1. 使用方法注意事项

在使用类方法和实例方法时，应该注意以下几点：

（1）当类被加载到内存之后，类方法就获得了相应的入口地址；该地址在类中是共享的，不仅可以直接通过类名引用它，也可以通过创建类的对象引用它。只有在创建类的对象之后，实例方法才会获得入口地址，它只能被对象所引用。

（2）无论是类方法或实例方法，当被引用时，方法中的局部变量才被分配内存空间，方法执行完毕，局部变量立刻释放所占内存。

（3）在类方法里只能引用类中其他静态的成员（静态变量和静态方法），而不能直接访问类中的非静态成员。这是因为，对于非静态的变量和方法，需要创建类的对象后才能使用；而类方法在使用前不需要创建任何对象。在非静态的实例方法中，所有的成员均可以使用。

（4）不能使用 this 和 super 关键字（super 关键字在后面章节中介绍）的任何形式引用类方法。这是因为 this 是针对对象而言的，类方法在使用前不需创建任何对象，当类方法被调用时，this 所引用的对象根本没有产生。

下边我们先看一个示例。

【例 4.7】在类中有两个整型变量成员，分别在静态和非静态方法 display( )中显示它们。若如下的程序代码有错，错在哪里，应如何改正。

```java
public class Example4_7{
    int var1, var2;
    public Example4_7(){
        var1 = 30;
        ver2 = 85;
```

```
        }
    public static void display( ) {
        System. out. println( " var1 = " +var1) ;
        System. out. println( " var2 = " +var2) ;
        }
    public void display( int var1, int var2) {
        System. out. println( " var1 = " +var1) ;
        System. out. println( " var2 = " +var2) ;
        }
        public static void main( String    args[ ]) {
        Example4_7 v1 = new Example4_7( ) ;
        v1. display( v1. var1, v1. ver2) ;
        display( ) ;
        }
}
```

编译程序，编译系统将显示如下的错误信息：

```
Example4_7. java：11：non-static variable var1 cannot be referenced from a static context
    System. out. println( " var1 = " +var1) ;
                                         ^
Example4_7. java：12：non-static variable var2 cannot be referenced from a static context
    System. out. println( " var2 = " +var2) ;
                                         ^
2 errors
```

我们可以看出两个错误均来自静态方法 display( )，错误的原因是在静态方法体内引用了外部非静态变量，这是不允许的。此外，也应该看到在非静态方法 display( )中设置了两个参数用于接收对象的两个属性值，这显然是多余的，因为非静态方法由对象引用，可以在方法体内直接引用对象的属性。

解决上述问题的方法是：

（1）将带参数的 display( )方法修改为静态方法，即添加修饰符 static；

（2）将不带参数的 display( )方法修改为非静态方法，即去掉修饰符 static；

（3）修改 main( )中对 display( )方法的引用方式，即静态的方法直接引用，非静态的方法由对象引用。

2. main( )方法

我们在前边的程序中已经看到了 main( )方法的应用。main( )方法就是一个静态的方法，main( )方法也是一个特殊的方法，在 Java 应用程序中可以有许多类，每个类也可以有许多方法。但解释器在装入程序后首先运行的是 main( )方法。

main( )方法和其他的成员方法在定义上没有区别，其格式如下：

```
public static void main( String args[ ]) {
    //方法体定义
```

```
      ……
}
```
其中：

(1)声明为 public 以便解释器能够访问它。

(2)修饰为 static 是为了不必创建类的实例而直接调用它。

(3)void 表明它无返回值。

(4)它带有一个字符串数组参数(有关数组的内容，将在后边的章节介绍)，它可以接收引用者向应用程序传递相关的信息，应用程序可以通过这些参数信息来确定相应的操作，就像其他方法中的参数那样。

main( )方法不能像其他的类方法那样被明确地引用，那么如何向 main( )方法传递参数呢？我们只能从装入运行程序的命令行传递参数给它。其一般格式如下：

java 程序名　实参列表

其中：

(1)java 是解释器，它将装入程序并运行。

(2)程序名是经 javac 编译生成的类文件名，也就是应用程序的文件名。

(3)当实参列表包含多个参数时，参数之间以空格分隔，每个参数都是一个字符串。需要注意的是，如果某个实参字符串中间包含空格时，应以定界符双引号(" ")将它们引起来。

尽管数组部分的内容还没有介绍，但还是要举一个简单的例子说明 main( )方法参数的传递及操作。

【例 4.8】从命令行传递"This is a simple Java program. "，"ok!"两个字符串并显示。程序参考代码如下：

```
/ * 这是一个简单的演示程序，程序名为 CommandExam4_8. java
  * 其目的是演示接收从命令行传递的参数并显示。
  */
class CommandExam4_8{
    public static void main(String args[ ]) {
        System. out. println(args[0]); //显示第一个字符串
        System. out. println(args[1]); //显示第二个字符串
    }
}
```

在命令提示符下编译、运行程序。操作步骤及执行结果如图 4.6 所示。

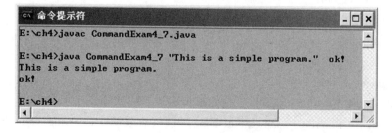

图 4.6　示例 4.8 运行结果

4.4.4 最终(Final)方法

在 Java 中, 子类可以从父类继承成员方法和成员变量, 并且可以把继承来的某个方法重新改写并定义新功能。但如果父类的某些方法不希望再被子类重写, 必须把它们说明为最终方法, final 修饰即可。

所谓最终方法, 是指不能被子类重写(覆盖)的方法。定义 final 方法的目的主要是用来防止子类对父类方法的改写以确保程序的安全性。

一般来说, 对类中一些完成特殊功能的方法, 只希望子类继承使用而不希望修改, 可定义为最终方法。定义最终方法的一般格式如下:

〔访问限定符〕 final   数据类型   最终方法名(〔参数列表〕){

　　//方法体代码

　　……

}

我们将会在后边的章节中看到最终方法的例子。

4.5 变量的进一步讨论

在前边的例子中, 我们已经看到了变量的应用。和方法类似, 我们可以把变量分为静态(static)变量、最终变量(final)和一般变量。一般把静态变量称为类变量, 而把非静态变量称为实例变量。

1. 实例变量和类变量

下边我们通过例子来讨论类变量和实例变量之间的区别。

【例 4.9】编写一个学生入学成绩的登记程序, 设定录取分数的下限及上限(满分), 如果超过上限或低于下限, 就需要对成绩进行审核。程序参考代码如下:

```
/*这是一个学生入学成绩登记的简单程序
 *程序的名字是: ResultRegister. java
 */
import javax. swing. * ;
public class ResultRegister{
    final int MAX=700; //分数上限
    final int MIN=596; //分数下限
    String student_No;   //学生编号
    int result;          //入学成绩
    public ResultRegister(String no, int res){ //构造方法
        String str;
        student_No=no;
        if(res>MAX || res<MIN){ //如果传递过来的成绩高于上限或低于下限则核对
            str=JOptionPane. showInputDialog("请核对成绩: ", String. valueOf(res));
            result=Integer. parseInt(str);
```

```
      }
      else result＝res;
   }                            //构造方法结束
   public void display(){        //显示对象属性方法
      System.out.println(this.student_No+"    "+this.result);
   }                            //显示对象属性方法结束
   public static void main(String args[]){
         ResultRegister s1,s2;    //声明对象 s1,s2
         s1＝new ResultRegister("201",724);//创建对象 s1
         s2＝new ResultRegister("202",657);//创建对象 s2
         s1.display();                  //显示对象 s1 的属性
         s2.display();                  //显示对象 s2 的属性
         System.exit(0);                //结束程序运行,返回到开发环境
   }
}
```

在程序中,我们使用了字符串的函数 String.valueOf(res),将整数值转换为字符串,有关字符串的细节将在后边的章节介绍。

在程序执行时,由于定义的都是实例变量,所以对创建的每个对象,它们都有各自独立的存储空间。现在看一下它们的存放情况,如图 4.7 所示。

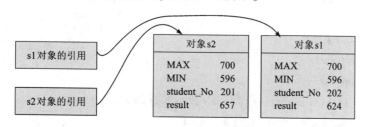

图 4.7　例 4.9 对象存储示意图

从图中可以看出,每个对象都存储了 MAX 和 MIN 两个量,由于这两个量是常量,每个对象都重复存储它们,这就浪费了存储空间。尽管两个整数占据 8 个字节,但如果有数以千计个对象,这样的浪费也是惊人的。

解决这样问题的最简单方案是使用静态属性。我们只需将程序中定义 MAX、MIN 的两个语句:

```
final int MAX＝700;                //分数上限
final int MIN＝596;                //分数下限
```
修改为:
```
public static final int MAX＝700;        //分数上限
public static final int MIN＝596;        //分数下限
```
即可。

通过上边的介绍,我们可以对变量说明若下:

(1)以修饰符 static 说明的变量被称之为静态变量,其他为非静态变量。

（2）以修饰符 final 说明的变量称之为最终变量即常量。它常常和 static 修饰符一起使用，表示静态的最终变量即静态常量。

（3）静态变量在类被装入后即分配了存储空间，它是类成员，不属于一个具体的对象，而是所有对象所共享的。和静态方法类似，它可以由类直接引用也可由对象引用。由类直接引用的格式是：类名. 成员名。

（4）非静态变量在对象被创建时分配存储空间，它是实例成员，属于本对象。只能由本对象引用。

2. 变量的初始化器（Initializer）

变量的初始化在前边我们已经作过简单介绍。这里介绍的初始化器是用大括号"{}"括起的一段程序代码为变量赋初值。初始化器可分为静态的（初始化静态变量）和非静态的（初始化非静态变量）两种。下边我们只介绍静态的初始化器，因为初始化非静态变量没有实际意义，非静态变量的初始化一般在构造方法中完成。静态的初始化器的一般格式如下：

```
Static{
    ……    //为静态变量赋值的语句及其他相关语句
}
```

下边我们举一个简单的例子说明初始化器的应用。

【例 4.10】在程序中定义两个静态变量，使用初始化器初始化其值。程序代码如下：

```
/ * 这是一个测试静态初始化器的程序
  * 程序的名字是：StaticExam4-10. java
  * /
public class StaticExam4_10{
    static int var1;
    static int var2;
    public static void display( ){    //显示属性值方法
      System. out. println( "var1 = " +var1);
      System. out. println( "var2 = " +var2);
    }                              //显示方法结束
    static {                       //初始化静态变量
      System. out. println( "现在对变量进行初始化……" );
      var1 = 128;                  //为变量 var1 赋初值
      var2 = var1 * 8;             //为变量 var2 赋初值
      System. out. println( "变量的初始化完成!!!" );
    }   //初始化器结束
    public static void main( String args [ ]){   //主方法
        display( );                      //显示属性值
    }                                    //主方法结束
}
```

请读者运行程序，查看程序的执行结果。当系统把类装入到内存时，自动完成静态初始化器。

本章小结

本章主要讲述了面向对象的程序设计的基本概念，面向对象的程序设计是以类为基础的。一个类包含两种成分：一种是数据成分(变量)；另一种是行为成分(方法)。根据这两种成分，在定义类时，数据成分被声明为类的成员变量，行为成分被声明为类的成员方法。

本章详细讨论了类的构成。类由类的声明部分和类体组成。类体包含以下内容：

(1)成员变量

成员变量可分为静态的和非静态的。静态的成员变量也被称为类变量，它可以被类的所有对象共享；非静态的成员变量也被称为实例变量，它只属于具体的对象。

(2)成员方法

方法可分为构造方法和一般方法。

构造方法是一种特殊的方法，它用于构造对象。

一般方法又可分为静态方法和非静态方法。静态方法也被称为类方法，可以在不创建对象的情况下，直接使用类名引用；非静态方法也被称为实例方法，只能由对象引用。

此外还讨论了方法的重载。

本章重点：面向对象程序设计的概念，类的定义方法、各种数据成员和方法成员的概念及定义，对象的定义、创建及引用，方法的重载，方法参数的传递等。

本章是面向对象程序设计的基础，必须切实掌握，才能更好地学习后边的内容。

习题 3

1. 举例说明类和对象的关系。

2. 定义一个描述电话的类，至少描述电话类的两种属性和一种功能。

3. 为什么说构造方法是一种特殊的方法，它与一般的成员方法有什么不同？为第 2 题的电话类定义构造方法，创建一个具体的电话对象并对其成员进行引用。

4. 什么是方法的重载？编写一个类，定义 3 个重载的方法，并编写该类的测试程序。

5. 举例说明类方法和实例方法以及类变量和实例变量的区别。

6. 子类将继承父类的哪些成员变量和方法？子类在什么情况下隐藏父类的成员变量和方法？在子类中是否允许有一个方法和父类的方法名字和参数相同，而类型不同？说明理由。

7. 上机实验一　类的定义与对象创建

实验目的：

本实验的目的是让学生掌握类的定义、变量声明、方法声明、对象的创建过程。

实验内容：

(1)编写一个 Java 应用程序，描写一个矩形类，并输出某个矩形的长、宽、周长和面积。具体要求如下：

①定义 Rectangle 类，声明两个成员变量分别描述矩形的长和宽。

②在 Rectangle 中声明两个方法分别计算矩形的周长和面积。

③编写应用程序类，创建一个具体的矩形对象，在屏幕上打印输出该矩形的长、宽、周

长和面积。

（2）按以下要求创建一个学生类（Student），并完成相应的操作：

①其成员变量：姓名（name）、年龄（age）、身高（height）、体重（weight）。

②成员方法 1：setAge—用于给变量 age 赋值。

③成员方法 2：out—按一定格式输出各成员变量的值。

④构造方法：通过参数传递，分别对 name、height、weight 初始化。

⑤最后，创建这个类的对象，并完成对成员变量赋值和输出的操作。

实验要求：

①以书面形式写出程序代码。

②将代码输入计算机进行调试。

③记录调试过程中的问题及解决方法。

④总结实验过程中发现的问题及解决办法，写出实验报告。

8. 上机实验二　方法的重载与 static 关键字

实验目的：

本实验的目的是让学生掌握方法重载的概念、运用方法重载编程的技巧以及类成员与实例成员的区别。

实验内容：

（1）补充程序，验证方法的重载。

下面已给出 Area 类的定义，定义应用程序类 AreaTest，创建 Area 类的对象并调用每一个成员方法，观察不同的参数与调用方法的之间的关系。

Area 类程序清单：

```
class Area{
    float getArea(float r){
    System. out. print("方法一：");
    return 3. 14f * r * r;
    }
    double getArea(float x, int y){
      System. out. print("方法二：");
      return x * y;
    }
    float getArea(int x, float y){
      System. out. print("方法三：");
      return x * y;
    }
    double getArea(float x, float y, float z){
    System. out. print("方法四：");
    return (x+x+y * y+z * z) * 2. 0;
    }
}
```

(2)按程序模板(Test. java)要求编写源文件,将[代码x]按其后的要求替换为java程序代码并分析程序输出结果。

```
class A{
    [代码1]//声明一个float型的实例变量a
    [代码2]//声明一个float型的类变量b
    void setA(float a){
    [代码3]//将参数a赋值给成员变量a
    }
    void setB(float b){
    [代码4]//将参数b赋值给成员变量b
    }
    float getA(){
    return a;
    }
    static float getB(){
    return b;
    }
    void outA(){
    System. out. println (a);
    }
    [代码5]//定义方法outB(),输出变量b
    }
    public class Test{
    [代码6]//通过类名引用变量b,给b赋值为100
    [代码7]//通过类名调用方法outB()
    A cat=new A();
    A dog=new A();
    [代码8]//通过cat调用方法setA(),将cat的成员变量a设置为200
    [代码9]//通过cat调用方法setB(),将cat的成员变量b设置为300
    [代码10]//通过dog调用方法setA(),将dog的成员变量a设置为400
    [代码11]//通过dog调用方法setB(),将dog的成员变量b设置为500
    [代码12]//通过cat调用outA()
    [代码13]//通过cat调用outB()
    [代码14]//通过dog调用outA()
    [代码15]//通过dog调用outB()
    }
```

实验要求:
(1)补充程序。
(2)调试程序。
(3)总结实验中遇到的问题并写出实验报告。

第5章　类的继承、包及接口

上一章我们介绍了面向对象程序设计的基本概念,如类的定义、对象的创建(实例化)、类的成员等。本章将继续介绍类的继承性、类的访问限定、抽象类、匿名类以及包和接口等概念。

5.1　类的继承

面向对象的重要特点之一就是继承。类的继承使得我们能够在已有的类的基础上构造新的类,新类除了具有被继承类的属性和方法外,还可以根据需要添加新的属性和方法。继承有利于代码的复用,通过继承可以更有效地组织程序结构,并充分利用已有的类来完成复杂的任务,减少了代码冗余和出错的概率。

5.1.1　类继承的实现

1. 问题的提出

在介绍类继承的实现之前,我们先看一下上一章介绍的 Citizen(公民)类和 ResultRegister(成绩登记)类,分析一下它们之间的关系。Citizen 类的完整代码如下:

```
/ * 这是一个公民类的定义
 * 类名: Citizen
 * /
import java. util. * ;
public class Citizen{                            //以下声明成员变量(属性)
    String name;
    String alias;
    String sex;
    Date birthday;                               //这是一个日期类的成员变量
    String homeland;
    String ID;                                   //以下定义成员方法(行为)
    public String  getName( ) {                  //获取名字方法
                                                 //getName( )方法体开始

        return    name;

    }                                            //getName( )方法体结束
```

```
/***下边是设置名字方法***/
public void setName(String name){                //setName()方法体开始
    this.name=name;
}                                                 //setName()方法体结束
/***下边是列出所有属性方法***/
public void displayAll(){                         //displayAll()方法体开始
    System.out.println("姓名："+name);
    System.out.println("别名："+alias);
    System.out.println("性别："+sex);
    if(birthday==null) birthday=new Date(0);
    System.out.println("出生："+birthday.toString());
    System.out.println("出生地："+homeland);
    System.out.println("身份标识："+ID);
}displayAll()方法体结束
public void display(String str1,String str2,String str3) //重载方法1
{
    System.out.println(str1+"   "+str2+"   "+str3);
}
public void display(String str1,String str2,Date d1)   //重载方法2
{
    System.out.println(str1+"   "+str2+"   "+d1.toString());
}
public void display(String str1,String str2,Date d1,String str3)//重载方法3
{
    System.out.println(str1+"   "+str2+"   "+d1.toString()+"   "+str3);
}
public Citizen(String name,String alias,String sex,Date birthday,String homeland,
String ID){                    //带参数构造方法
    this.name=name;
    this.alias=alias;
    this.sex=sex;
    this.birthday=birthday;
    this.homeland=homeland;
    this.ID=ID;
}
public Citizen(){              //无参构造方法
    name="无名";
    alias="匿名";
    sex="   ";
```

```
            birthday = new Date();
            homeland = "    ";
            ID = "    ";
        }
    }
```

ResultRegister 类的代码如下：

```
/*
* 这是一个学生入学成绩登记的简单程序
* 程序的名字是：ResultRegister. java
*/
import javax. swing. *;
public class ResultRegister {
    public static final int    MAX = 700;       //分数上限
    public static final int    MIN = 596;       //分数下限
    String student_No;                          //学号
    int result;                                 //入学成绩
    public ResultRegister(String no, int res) { //构造方法
        String str;
        student_No = no;
        if( res>MAX || res<MIN) {    //如果传递过来的成绩高于上限或低于下限则核对
        str = JOptionPane. showInputDialog("请核对成绩：", String. valueOf( res));
        result = Integer. parseInt( str);
        }
        else result = res;
    }                                       //构造方法结束
    public void display() {     //显示对象属性方法
        System. out. println( this. student_No+"    "+this. result);
    }                                       //显示对象属性方法结束
}
```

通过上一章对上述两类的介绍和示例演示，我们可以分析一下，在 Citizen 类中，定义了每个公民所具有的最基本的属性，而在 ResultRegister 类中，只定义了与学生入学成绩相关的属性，并没有定义诸如姓名、性别、年龄等这些基本属性。在登录成绩时，我们只需要知道学生号码和成绩就可以了，因为学生号码对每一个学生来说是唯一的。但在有些时候，诸如公布成绩、推荐选举学生干部、选拔学生参加某些活动等，就需要了解学生更多的信息。

如果学校有些部门需要学生的详细情况，既涉及 Citizen 类中的所有属性又包含 ResultRegister 中的属性，那么我们是定义一个包括所有属性的新类还是修改原有类进行处理呢？

针对这种情况，如果建立新类，相当于从头再来，那么就和前面建立的 Citizen 类和 ResultRegister 类没有什么关系了。这样做有违于面向对象程序设计的基本思想，也是我们不

愿意看到的,因此我们应采用修改原有类的方法,这就是下边所要介绍的类继承的实现。

2. 类继承的实现

根据上边提出的问题,要处理学生的详细信息,已建立的两个类 Citizen 和 ResultRegister 已经含有这些信息,接下来的问题是在它们之间建立一种继承关系就可以了。从类别的划分上,学生属于公民,因此 Citizen 应该是父类,ResultRegister 应该是子类。下边修改 ResultRegister 类就可以了。

定义类的格式在上一章已经介绍过,不再重述。将 ResultRegister 类修改为 Citizen 类的子类的参考代码如下:

```
/* 这是一个学生入学成绩登记的简单程序
 *程序的名字是: ResultRegister. java
 */
import java. util. * ;
import javax. swing. * ;
public class ResultRegisterextends Citizen {
    public static final int   MAX = 700;    //分数上限
    public static final int   MIN = 596;    //分数下限
    String student_No;    //学号
    int result;           //入学成绩
    public ResultRegister( ){
        student_No = "00000000000";
        result = 0;
    }
Public ResultRegister( String name, String alias, String sex, Date birthday, String homeland,
String ID, String no, int res) { //构造方法
        this. name = name;
        this. alias = alias;
        this. sex = sex;
        this. birthday = birthday;
        this. homeland = homeland;
        this. ID = ID;
        String str;
        student_No = no;
        if( res>MAX || res<MIN){    //如果传递过来的成绩高于上限或低于下限则核对

            str = JOptionPane. showInputDialog( "请核对成绩: ", String. valueOf( res) );
            result = Integer. parseInt( str) ;
        }
        else result = res;
    }                                  //构造方法结束
```

```
    public void display( )  {      //显示对象属性方法
      displayAll( );
      System. out. println("学号 = "+student_No+" 入学成绩 = "+result);
    }  //显示对象属性方法结束

  }
```

在上边的类定义程序中,着重显示部分是修改添加部分。可以看出,由于它继承了 Citizen 类,所以它就具有 Citizen 类所有的可继承的成员变量和成员方法。

下边我们写一个测试程序,验证修改后的 ResultRegister 的功能。

【例 5.1】 测试 ResultRegister 类的功能。程序参考代码如下:

```
/* 这是一个测试 ResultRegister 类的程序
 * 程序的名字是: TestExam5_1. java
 */
import java. util. * ;
public class TestExam5_1 {
  public static void main( String   args[ ] ) {
    ResultRegister s1, s2, s3;                //声明对象 s1, s2, s3
    s1 = new ResultRegister("丽柔", "一刀", "女", new Date("12/30/88") , "上海",
    "421010198812302740", "200608010201", 724);    //创建对象 s1
    s2 = new ResultRegister("李明", " ", "男", null, "南京", "50110119850624273x",
    "200608010202", 657); //创建对象 s2
    s3 = new ResultRegister( );
    s3. display( );                    //显示对象 s3 的属性
    System. out. println(" = = = = = = = = = = = = = = = = = = = = = = = = = = = = =");
    s2. display( );                    //显示对象 s2 的属性
    System. out. println(" = = = = = = = = = = = = = = = = = = = = = = = = = = = = =");
    s1. display( );                    //显示对象 s1 的属性
    System. exit(0);                   //结束程序运行,返回到开发环境
  }
}
```

编译、运行程序,在程序执行过程中,由于生成对象 s1 时传递的成绩 724 超出了上限 700,所以就出现了如图 5.1 所示的超限处理对话框,修正成绩后,按"确定"按钮确认,之后输出如图 5.2 所示的执行结果。

至此,我们已经完成了类继承的实现。但是,还有一些问题没有解决。如上边所述,不同的管理部门可能需要了解学生的不同信息。在上一章中,我们介绍了方法的重载,引用不同的重载方法来显示不同的属性信息。那是在父类中实现的。现在,我们要在子类中显示学生的不同的属性信息。解决这一问题,仍然可以使用重载方法的方式,不过要采用重载方法和覆盖方法并举的方式。下边将简要介绍覆盖方法的基本概念和覆盖方法的实现与应用。

图 5.1　超限处理对话框

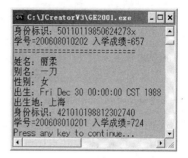

图 5.2　例 5.1 测试结果显示

5.1.2　覆盖(Override)方法

所谓方法的覆盖,就是指在子类中重写了与父类中有相同签名的方法。这样做的好处是方法名一致易记易用,可以实现与父类方法不同的功能。

下边我们将 ResultRegister 中的 display() 更名为 displayAll() 并添加重写父类 Citizen 中的 display() 方法。重写的方法代码如下:

```
public void displayAll( ) {    //重写 displayAll( )
    //displayAll( )方法体开始
  super. displayAll( );        //引用父类方法
  System. out. println( "学号: " +student_No);
  System. out. println( " 入学成绩: " +result);
}                             //displayAll( )方法体结束
public void display( String str1 , String str2 , String str3) {    //重写方法 2
  super. display( str1 , str2 , str3);                //引用父类方法
  System. out. println( this. student_No+"    " +result);
}
public void display( String str1 , String str2 , Date d1) {    //重写方法 3
  super. display( str1 , str2 , d1);                //引用父类方法
  System. out. println( this. student_No+"    " +result);
}
public void display( String str1 , String str2 , Date d1 , String str3) { //重写方法 4
  super. display( str1 , str2 , d1 , str3); //引用父类方法
  System. out. println( this. student_No+"    " +result);
}
```

注意:在引用父类方法时,我们使用了 super 关键字。在前边我们看到了 this 关键字的使用。this 代表当前对象对本类成员的引用;而 super 则代表当前对象对父类成员的引用。

下边举例说明覆盖方法的应用。

【例 5.2】编写测试程序,测试 ResultRegister 类的覆盖方法。程序参考代码如下:

/ * 这是一个测试 ResultRegister 类覆盖方法的程序

```
                * 程序的名字是：TestExam5_2. java
                */
            import java. util. * ;
            public class TestExam5_2{
             public static void main( String args[ ]) {
             ResultRegister s1;                    //声明对象 s1
              s1 = new ResultRegister ( " 丽 柔", " 一 刀", " 女", new Date ( 0 ), " 上 海",
              "421010198812302740", "200608010201", 654); //创建对象 s1
             s1. displayAll( );                     //显示对象 s1 的所有属性
             System. out. println( " = = = = = = = = = = = = = = = = = = = = = = = = = = ");
             s1. display( s1. ID, s1. name, s1. sex) ; //显示 s1 的身份标识、名字、性别及学号和
             成绩
             System. out. println( " = = = = = = = = = = = = = = = = = = = = = = = = = = ");
             s1. display( s1. name, s1. sex, s1. birthday) ; //显示 s1 的名字、性别、生日及学号和
             成绩
             System. out. println( " = = = = = = = = = = = = = = = = = = = = = = = = = = ");
             s1. display( s1. name, s1. sex, s1. birthday, s1. homeland) ; //显示 s1 的名字、性别、生
日、出生地及学号和成绩
             System. exit( 0) ;                       //结束程序运行, 返回到开发环境
             }
            }
```

请读者编译、运行程序,分析程序的执行结果。

一般来说, 在 Java 程序的编译过程中, 当遇到一个对象引用方法时, 系统首先在对象所在的类中寻找这个方法的签名, 如果没有找到的话, 系统会把查找传递到其父类中查找, 如果仍然没找到, 再转到父类的父类查找, 依此下去, 直到找到这个方法的签名为止。如果查找到基类(最顶层)也没查到, 系统将提示找不到此方法的错误信息。

5.1.3　变量的隐藏(Hidded)

所谓变量的隐藏就是指在子类中定义的变量和父类中定义的变量有相同的名字或方法中定义的变量和本类中定义的变量同名。

事实上在前边介绍的类中已经遇到了这种情况。诸如, 在 Citizen 类构造方法的形式参数中, 就定义了和本类中同名的变量。在这种情况下, 系统采用了局部优先的原则。即在方法中, 同名的方法变量优先, 直接引用。而成员变量(对象的属性)则被隐藏, 需要引用时, 应加上关键字 this(本类)或 super(父类)加以区分。因此在 Citizen 类的构造函数中, 我们看到了这样的引用语句:

this. name＝name;　　//将方法变量 name 的值赋给对象的属性 name

在程序中对变量的引用时, 什么情况下不需要加 this、super? 什么情况下需要加, 加哪个? 其规则如下:

(1)当不涉及同名变量的定义时, 对变量的引用不需要加 this 或 super 关键字。

（2）当涉及同名变量的定义时，分两种情况：

①方法变量和成员变量同名，在引用成员变量时，前边加 this；

②本类成员变量和父类成员变量同名，在引用父类成员变量时，前边加 super。

变量的隐藏有点相似于方法的覆盖，也可以称为属性的覆盖。只不过是为了区分是指变量而不是方法，用另一个名词"隐藏"称之而已。有关其他的应用，我们在使用时再作介绍。

5.1.4 应用示例

类的继承并不仅仅是把它们作为基础来定义新的类，实现类的重复使用。它还可以通过方法覆盖实现动态的多态性操作（运行时多态）。下边举一个简单的例子说明多态性操作。

【例 5.3】定义一个 Teacher 类。

Teacher. java

```java
public class Teacherextends   Citizen {
    public   String   teacherID;      //声明教师代码
    public   String   position;       //教师职位
    public   String   courseName;     //主讲课程
                                      //构造器
    public   Teacher( ) {
    teacherID = "0000";
    position = "助教";
    courseName = "习题课";
    }
    public Teacher( String personID, String name, String sex, String birthday, String teacherID,
    String position, String courseName) {
        this. personID = personID;
        this. name = name;
        this. sex = sex;
        this. birthday = birthday;
        this. teacherID = teacherID;
        this. position = position;
        this. couseName = courseName;
    }
public void display( ) {    //成员方法 display( )
    super. display( );    //执行父类的显示方法
    System. out. println( "教师代码："+teacherID);
    System. out. println( "教师职位："+position);
    System. out. println( "主讲课程："+courseName);
    }
}
```

完成该类的定义之后，还需要一个程序使用这些类并对它们进行测试，测试程序如下。

【例 5.4】 对上边创建的类的覆盖方法进行多态性测试。

polymorphismDemo. java

```
public class polymorphismDemo{
    public static void main(String args[ ]){
        Citizen [ ] citizenObj={ new Student("65410519700221275x","纪杨","男","1974.
            5.21","920150208","1992.9.1",540), new Teacher ("65410519670221272x","姜
            氏","女","1967.2.21","1201","教授","物理学")};
        for(int i=1; i<=citizenObj.length; i++){
            System. out. println("第"+i+"次：");
            citizenObj[i-1].display( );        //显示对象信息
        }
    }
}
```

在测试程序中，生成了一个 Citizen 类型数组，各元素是其不同子类的对象，这样就可以使用一个 Citizen 类型的变量来引用子类的对象。循环调用不同类型对象的 display( )方法如图 5.2 所示。这是有两个子类的情况，当然在多个子类时，也可以产生随机下标，从数组中随机选择对象，这是一个多态性应用的简单例子。大家可以参照例 5.1 编译、运行程序，思考一下程序的运行结果。

要使用多态性机制，必须具备如下条件：

(1)子类对象的方法调用必须通过一个父类的变量进行。比如上例的 Citizen 类型数组。

(2)被调用的方法必须是覆盖的方法即在父类中也有该方法。

(3)子类的方法特征与父类必须一致。

(4)子类方法的访问权限不能比父类更严格。

5.2　抽象类

类是对现实世界中实体的抽象，但我们不能以相同的方法为现实世界中所有的实体做模型，因为大多数现实世界的类太抽象而不能独立存在。

例如，我们熟悉的平面几何图形类，对于圆、矩形、三角形、有规则的多边形及其他具体的图形可以描述它的形状并根据相应的公式计算出面积来。那么任意的几何图形又如何描述呢？它是抽象的，我们只能说它表示一个区域，它有面积。那么面积又如何计算呢？我们不能够给出一个通用的计算面积的方法来，这也是抽象的。在现实生活中，会遇到很多的抽象类，诸如交通工具类、鸟类等。

本节我们简要介绍抽象类的定义和实现。

5.2.1　抽象类的定义

在 Java 中所谓的抽象类，即是在类说明中用关键字 abstract 修饰的类。

一般情况下，抽象类中可以包含一个或多个只有方法声明而没有定义方法体的方法。当遇到这样一些类，类中的某个或某些方法不能提供具体的实现代码时，可将它们定义成抽

象类。

定义抽象类的一般格式如下：

［访问限定符］　abstract　class　类名　｛

　　//属性说明

　　……

　　//抽象方法声明

　　……

　　//非抽象方法定义

　　……

　　｝

其中，声明抽象方法的一般格式如下：

［访问限定符］　abstract　数据类型　方法名（［参数表］）；

注意：抽象方法只有声明，没有方法体，所以必须以"；"号结尾。

有关抽象方法和抽象类说明如下：

（1）所谓抽象方法，是指在类中仅仅声明了类的行为，并没有真正实现行为的代码。也就是说抽象方法仅仅是为所有的派生子类定义一个统一的接口，方法具体实现的程序代码交给了各个派生子类来完成，不同的子类可以根据自身的情况以不同的程序代码实现。

（2）抽象方法只能存在于抽象类中，正像刚才所言，一个类中只要有一个方法是抽象的，则这个类就是抽象的。

（3）构造方法、静态（static）方法、最终（final）方法和私有（private）方法不能被声明为抽象的方法。

（4）一个抽象类中可以有一个或多个抽象方法，也可以没有抽象方法。如果没有任何抽象方法，这就意味着要避免由这个类直接创建对象。

（5）抽象类只能被继承（派生子类）而不能创建具体对象即不能被实例化。

下边我们举例说明抽象类的定义。

【例 5.5】定义如上边所述的平面几何形状 Shape 类。

每个具体的平面几何形状都可以获得名字且都可以计算面积，我们定义一个方法 getArea（）来求面积，但是在具体的形状未确定之前，面积是无法求取的，因为不同形状求取面积的数学公式不同，所以我们不可能写出通用的方法体来，只能声明为抽象方法。定义抽象类 Shape 的程序代码如下：

```
/ * 这是抽象的平面形状类的定义
 * 程序的名字是：Shape. java
 * /
public abstract class Shape｛
    String name;                    //声明属性
    public abstract double getArea（）;  //抽象方法声明
｝
```

在该抽象类中声明了 name 属性和一个抽象方法 getArea（）。

下边通过派生不同形状的子类来实现抽象类 Shape 的功能。

5.2.2　抽象类的实现

如前所述，抽象类不能直接实例化，也就是不能用 new 运算符去创建对象。抽象类只能作为父类使用，而由它派生的子类必须实现其所有的抽象方法，才能创建对象。

下边我们举例说明抽象类的实现。

【例 5.6】派生一个三角形类 Tritangle，计算三角形的面积。计算面积的数学公式是：

$$area = \sqrt{s(s-a)(s-b)(s-c)}$$

其中：

(1) a，b，c 表示三角形的三条边；

(2) $s = \dfrac{1}{2}(a+b+c)$

参考代码如下：

```
/*这是定义平面几何图形三角形类的程序
 *程序的名字是：Tritangle.java
 */
public class Tritangle extends Shape {      //这是 Shape 的派生子类
    double sideA, sideB, sideC;             //声明实例变量三角形 3 条边
    public Tritangle() {                    //构造器
        name = "示例全等三角形";
        sideA = 1.0;
        sideB = 1.0;
        sideC = 1.0;
    }
    public Tritangle(double sideA, double sideB, double sideC) {   //构造器
        name = "任意三角形";
        this.sideA = sideA;
        this.sideB = sideB;
        this.sideC = sideC;
    }
    //覆盖抽象方法
    public double getArea() {
        double s = 0.5 * (sideA+sideB+sideC);
        return Math.sqrt(s * (s-sideA) * (s-sideB) * (s-sideC));    //使用数学开方方法
    }
}
```

下边编写一个测试 Tritangle 类的程序。

【例 5.7】一个三角形的 3 条边为 5、6、7，计算该三角形的面积。程序代码如下：

```
/*这是一个测试 Tritangle 类的程序
 *程序的名字为：Exam5_7.java
```

```
  */
  public class Exam5_7{
   public static void main(String args[ ]){
     Tritangle t1, t2;
     t1=new Tritangle(5.0, 6.0, 7.0); //创建对象 t1
     t2=newTritangle( );                //创建对象 t2
     System.out.println(t1.name+"的面积="+t1.getArea( ));
     System.out.println(t2.name+"的面积="+t2.getArea( ));
   }
  }
```

编译、运行程序。程序的执行结果如下：

任意三角形的面积=14.696938456699069
示例全等三角形的面积=0.4330127018922193

对于圆、矩形及其他形状类的定义与三角形类似，作为作业留给大家，不再重述。

5.3　内部类、匿名类及最终类

内部类和匿名类是特殊形式的类，它们不能形成单独的 Java 源文件，在编译后也不会形成单独的类文件。最终类是以 final 关键字修饰的类，最终类不能被继承。

5.3.1　内部类

所谓内部类(Inner Class)，是指被嵌套定义在另外一个类内甚至是一个方法内的类，因此也把它称之为类中类。嵌套内部类的类称为外部类(Outer Class)，内部类通常被看成是外部类的一个成员。

下边举例说明内部类的使用。

【例 5.8】工厂工人加工正六边形的阴井盖，先将钢板压切为圆形，然后再将其切割为正六边形，求被切割下来的废料面积。

解决这个问题，只需要计算出圆的面积和正六边形的面积，然后相减即可。当然我们可以将正六边形化作六个全等三角形求其面积。下边建立一个圆类，并在圆类内定义内部类处理正六边形，这主要是说明内部类的应用。程序参考代码如下：

```
/*该程序主要演示内部类的应用
 *程序的名字：Circle.java
 *在 Circle 类中嵌套了 Polygon 类
 */
public class Circle extends Shape   //继承 Shape 类{
  double radius;
  public Circle( ){
    name="标准圆";
```

```
        radius = 1. 0;
    }
    public Circle( double radius) {
        name = "一般圆";
        this. radius = radius;
    }
    public double getArea( )  {              //覆盖父类方法
        return radius * radius * Math. PI;    //返回圆的面积
    }
    public double remainArea( ) {
        Polygon p1 = new Polygon( radius, radius, radius) ;   //创建内部类对象
        return getArea( ) - p1. getArea( ) ;
    }
    class Polygon//定义内部类{
      Tritangle t1;      //声明三角形类对象
        Polygon( double a, double b, double c) {               //内部类构造方法
            t1 = new Tritangle( a, b, c) ;                      //创建三角形对象
        }
        double getArea( )    {                                 //内部类方法
            return t1. getArea( ) * 6;                          //返回正六边形面积
        }
    }
}
```

　　上边定义的 Circle 类是 Shape 类的派生类，它重写并实现了 getArea( )方法的功能。类中嵌套了 Polygon 内部类，在内部类中使用了前边定义的 Tritangle 类对象，用于计算三角形的面积(正六边形可以由六个全等三角形组成)，在内部类中定义了一个返回正六边形面积的方法 getArea( )。在外部类 Circle 类中还定义了 remainArea( )方法，该方法返回被剪切掉的废料面积。方法中创建了内部类对象，用于获取正六边形的面积。

　　下边我们给出测试程序。

【例 5. 9】创建 Circle 对象，测试内部类的应用，显示废料面积。

```
/ * 这是一个测试程序
  * 程序名称是：TestInnerClassExam5_8. java
  */
public class TestInnerClassExam5_8 {
    public static void main( String args[ ] ) {
        Circle c1 = new Circle( 0. 5) ;
        System. out. println( "圆的半径为 0. 5 米, 剩余面积 = " + c1. remainArea( ) ) ;
    }
}
```

编译、运行程序，执行结果如下：

圆的半径为 0.5 米，剩余面积 = 0.13587911055911928

内部类作为一个成员，它有如下特点：

(1)若使用 static 修饰，则为静态内部类，否则为非静态内部类。静态内部类和非静态内部类的主要区别在于：

①内部静态类对象和外部类对象可以相对独立。它可以直接创建对象，即使用 new 外部类名. 内部类名( ) 格式；也可通过外部类对象创建(如 Circle 类中，在 remainArea( )方法中创建)。非静态类对象只能由外部类对象创建。

②静态类中只能使用外部类的静态成员不能使用外部类的非静态成员；非静态类中可以使用外部类的所有成员。

③在静态类中可以定义静态和非静态成员；在非静态类中只能定义非静态成员。

(2)外部类不能直接存取内部类的成员。只有通过内部类才能访问内部类的成员。

(3)如果将一个内部类定义在一个方法内(本地内部类)，它完全可以隐藏在方法中，甚至同一个类的其他方法也无法使用它。

5.3.2　匿名类和最终类

所谓匿名类(Anonymouse Class)是一种没有类名的内部类，通常更多地出现在事件处理的程序中。在某些程序中，往往需要定义一个功能特殊且简单的类，而只想定义该类的一个对象，并把它作为参数传递给一个方法。此种情况下只要该类是一个现有类的派生类或实现一个接口，就可以使用匿名类。有关匿名类的定义与使用，我们将在后边章节的实际应用中介绍。

所谓最终类即是使用"final"关键字修饰的类。一个类被声明为最终类，这就意味着该类的功能已经齐全，不能够由此类再派生子类。在定义类时，当你不希望某类再能派生子类，可将它声明为最终类。

5.4　包及访问限定

在 Java 中，包(package)是一种松散的类的集合，它可以将各种类文件组织在一起，就像磁盘的目录(文件夹)一样。无论是 Java 中提供的标准类，还是我们自己编写的类文件都应包含在一个包内。包的管理机制提供了类的多层次命名空间避免了命名冲突问题，解决了类文件的组织问题，方便了我们的使用。

5.4.1　Java 中常用的标准类包

Sun Microsystems 公司在 JDK 中提供了各种实用类，通常被称之为标准的 API (Application Programming Interface)，这些类按功能分别被放入了不同的包中，供大家开发程序使用。随着 JDK 版本的不断升级，标准类包的功能也越来越强大，使用也更为方便。

下边简要介绍其中最常用几个包的功能：

Java 提供的标准类都放在标准的包中。常用的一些包说明如下：

（1）java. lang

包中存放了 Java 最基础的核心类，诸如 System、Math、String、Integer、Float 类等。在程序中，这些类不需要使用 import 语句导入即可直接使用。例如前边程序中使用的输出语句 System. out. println（ ）、类常数 Math. PI、数学开方方法 Math. sqrt（ ）、类型转换语句 Float. parseFloat（ ）等。

（2）java. awt

包中存放了构建图形化用户界面（GUI）的类，如 Frame、Button、TextField 等，使用它们可以构建出用户所希望的图形操作界面来。

（3）javax. swing

包中提供了丰富的、精美的、功能强大的 GUI 组件，其是 java. awt 功能的扩展，对应提供了如 JFrame、JButton、JTextField 等类。在前边的例子中我们就使用过 JoptionPane 类的静态方法进行对话框的操作。它比 java. awt 相关的组件更灵活、更容易使用。

（4）java. applet

包中提供了支持编写、运行 applet（小程序）所需要的一些类。

（5）java. util

包中提供了一些实用工具类，如定义系统特性、使用与日期日历相关的方法以及分析字符串等。

（6）java. io

包中提供了数据流输入/输出操作的类，如建立磁盘文件、读写磁盘文件等。

（7）java. sql

包中提供了支持使用标准 SQL 方式访问数据库功能的类。

（8）java. net

包中提供与网络通信相关的类，用于编写网络实用程序。

5.4.2　包（package）的创建及包中类的引用

如上所述，每一个 Java 类文件都属于一个包。也许你会说，在此之前，我们创建示例程序时，并没有创建过包，程序不是也正常执行了吗？

事实上，如果在程序中没有指定包名，系统默认为是无名包。无名包中的类可以相互引用，但不能被其他包中的 Java 程序所引用。对于简单的程序，使用不使用包名也许没有影响，但对于一个复杂的应用程序，如果不使用包来管理类，将会对程序的开发造成很大的混乱。

下边我们简要介绍包的创建及使用。

1. 创建包

将自己编写的类按功能放入相应的包中，以便在其他的应用程序中引用它，这是对面向对象程序设计者最基本的要求。我们可以使用 package 语句将编写的类放入一个指定的包中。package 语句的一般格式如下：

package 包名；

需要说明的是：

（1）此语句必须放在整个源程序第一条语句的位置（注解行和空行除外）。

（2）包名应符合标识符的命名规则，习惯上，包名使用小写字母书写。可以使用多级结构的包名，如 Java 提供的类包那样：java. util、java. sql 等。事实上，创建包就是在当前文件夹下创建一个以包名命名的子文件夹并存放类的字节码文件。如果使用多级结构的包名，就相当于以包名中的"."为文件夹分隔符，在当前的文件夹下创建多级结构的子文件夹并将类的字节码文件存放在最后的文件夹下。

下边举例说明包的创建。

例如，前边我们创建了平面几何图形类 Shape、Triangle 和 Circle。现在要将它们的类文件代码放入 shape 包中，我们只需在 Shape. java、Triangle. java 和 Circle. java 三个源程序文件中的开头（作为第一个语句）各自添加一条如下的语句：

package shape；

就可以了。

在完成对程序文件的修改之后，重新编译源程序文件，生成的字节码类文件被放入创建的文件夹下。

一般情况下，我们是在开发环境界面中（比如 JCreator）单击编译命令按钮或图标执行编译的。但有时候，我们希望在 DOS 命令提示符下进行 Java 程序的编译、运行等操作。下边简要介绍一下 DOS 环境下编译带有创建包的源程序的操作。其编译命令的一般格式如下：

javac　-d　［文件夹名］　［.］源文件名

其中：

（1）-d 表明带有包的创建。

（2）. 表示在当前文件夹下创建包。

（3）文件夹名是已存在的文件夹名，要创建的包将放在该文件夹下。

例如，要把上述的 3 个程序文件创建的包放在当前的文件夹下，则应执行如下编译操作：

javac　-d　. Shape. java

javac　-d　. Triangle. java

javac　-d　. Circle. java

如果想将包创建在 d：\java 文件夹下，执行如下的编译操作：

javac　-dd：\java　Shape. java

javac　-dd：\java　Triangle. java

javac　-dd：\java　Circle. java

在执行上述操作之后，我们可以查看一下所生成的包 shape 文件夹下的字节码类文件。

事实上，常常将包中的类文件压缩在 JAR（Java Archive，用 ZIP 压缩方式，以. jar 为扩展名）文件中，一个 JAR 文件往往会包含多个包，Sun J2SE 所提供的标准类就是压缩在 rt. jar 文件中。

2. 引用类包中的类

在前边的程序中，我们已经多次引用了系统提供的包中的类，比如，使用 java. util 包中的 Date 类，创建其对象处理日期等。

一般来说，我们可以如下两种方式引用包中的类。

（1）使用 import 语句导入类，在前边的程序中，我们已经使用过，其应用的一般格式如下：

```
import 包名. * ;              //可以使用包中所有的类
或：import 包名.类名；        //只装入包中类名指定的类
```

在程序中 import 语句应放在 package 语句之后，如果没有 package 语句，则 import 语句应放在程序开始，一个程序中可以含有多个 import 语句，即在一个类中，可以根据需要引用多个类包中的类。

(2)在程序中直接引用类包中所需要的类。其引用的一般格式是：

包名.类名

例如，可以使用如下语句在程序中直接创建一个日期对象：

java. util. Date date1 = new java. util. Date( );

在上边我们已经将 Shape、Circle、Triangle 三个类的字节码类文件放在了 shape 包中，下边我们举例说明该包中类的引用。

【例 5.10】求半径为 7.711 圆的面积以及圆内接正六边形的面积。

程序参考代码如下：

```
/* 这是一个测试程序
 * 程序的名字是：TestShapeExam5_9. java
 * 主要是测试 shape 包中类的引用
 */
package shape;
import shape. * ;
public class TestShapeExam5_9{
   public static void main(String args[ ]){
      Circle c1=new Circle(7.711);                    //创建 Circle 对象
      Tritangle t1=new Tritangle(7.711,7.711,7.711); //创建 Triangle 对象
      System. out. println ("半径为 7.711 圆的面积="+c1. getArea( ));
      System. out. println ("圆的内接正六边形面积="+6 * t1. getArea( ));
   }
}
```

编译、运行程序，执行结果如下：

半径为 7.711 圆的面积=186. 79759435956802
圆的内接正六边形面积=154. 48036704856298

在程序中，我们创建了一个 Circle 和一个 Triangle 等两个对象。其实，要计算圆的面积和内接正六边形的面积，只需创建一个 Circle 对象就够了，引用对象的 remainArea( )方法获得剩余面积，圆面积减去剩余面积就是正内接六边形的面积。这一方法作为作业留给大家去验证一下结果。

5.4.3　访问限定

在前边介绍的类、变量和方法的声明中都遇到了访问限定符，访问限定符用于限定类、成员变量和方法能被其他类访问的权限，当时我们只是简单介绍了其功能，且只使用了

public(公有的)和默认(友元的)两种形式。在有了包的概念之后，我们将几种访问限定总结如下：

1. 默认访问限定

如果省略了访问限定符，则系统默认为是 friendly(友元的)限定。拥有该限定的类只能被所在包内的其他类访问。

2. public 访问限定

由 public 限定的类为公共类。公共类可以被所有的其他类访问。使用 public 限定符应注意以下两点：

(1)public 限定符不能用于限定内部类。

(2)一个 Java 源程序文件中可以定义多个类，但最多只能有一个被限定为公共类。如果有公共类，则程序名必须与公共类同名。

3. private(私有的)访问限定

private 限定符只能用于成员变量、方法和内部类。私有的成员只能在本类中被访问，即只能在本类的方法中由本类的对象引用。

4. protected(保护的)访问限定

protected 限定符也只能用于成员变量、方法和内部类。用 protected 声明的成员也被称为受保护的成员，它可以被其子类(包括本包的或其他包的)访问，也可以被本包内的其他类访问。

综合上述，以表 5.1 简要列出各访问限定的引用范围。其中"√"表示可访问，"×"表示不可访问。

表 5.1　访问限定的引用域

访问范围	同一个类	同一个包	不同包的子类	不同包的非子类
public	√	√	√	√
缺省	√	√	×	×
private	√	×	×	×
protected	√	√	√	×

5.5　接口

在前边，我们介绍了抽象类的基本概念，在 Java 中可以把接口看作是一种特殊的抽象类，它只包含常量和抽象方法的定义，而没有变量和方法的实现，它用来表明一个类必须做什么，而不去规定它如何做。因此我们可以通过接口表明多个类需要实现的方法。由于接口中没有具体的实施细节，也就没有和存储空间的关联，所以可以将多个接口合并起来，由此来达到多重继承的目的。

5.5.1　接口的定义

与类的结构相似，接口也分为接口声明和接口体两部分。定义接口的一般格式如下：

```
[public] interface 接口名 [extends  父接口名列表]    //接口声明
{                                                  //接口体开始
    //常量数据成员的声明及定义
    数据类型    常量名=常数值;
    ……
    //声明抽象方法
    返回值类型    方法名([参数列表]) [throw 异常列表];
    ……
}                                                  //接口体结束
```

对接口定义说明如下:

(1)接口的访问限定只有 public 和缺省的。

(2)interface 是声明接口的关键字,与 class 类似。

(3)接口的命名必须符合标识符的规定,并且接口名必须与文件名相同。

(4)允许接口的多重继承,通过"extends 父接口名列表"可以继承多个接口。

(5)对接口体中定义的常量,系统默认为是"static final"修饰的,不需要指定。

(6)对接口体中声明的方法,系统默认为是"abstract"的,也不需要指定;对于一些特殊用途的接口,在处理过程中会遇到某些异常,可以在声明方法时加上"throw 异常列表",以便捕捉出现在异常列表中的异常。有关异常的概念将在后边的章节讨论。

在前边,我们简要介绍了平面几何图形类,并定义了一个抽象类 Shape。并由它派生出 Circle、Triangle 类。下边我们将 Shape 定义为一个接口,由几何图形类实现该接口完成面积和周长的计算。

【例 5.11】定义接口类 Shape。程序代码如下:

```
/*本程序是一个定义接口类的程序
 *程序的名字是:Shape.java
 *接口名为 Shape,接口中包含常量 PI 和方法 getArea()、getGirth()声明
 */
package shape;
public interface Shape{
    double PI=3.141596;
    double getArea();
    double getGirth();
}
```

在定义接口 Shape 之后,下边我们在定义的平面图形类中实现它。

5.5.2 接口的实现

所谓接口的实现,即是在实现接口的类中重写接口中给出的所有方法,书写方法体代码,完成方法所规定的功能。定义实现接口类的一般格式如下:

```
[访问限定符] [修饰符] class 类名 [extends 父类名] implements 接口名列表
{  //类体开始标志
```

```
[类的成员变量说明]   //属性说明
[类的构造方法定义]
[类的成员方法定义]   //行为定义
/*重写接口方法*/
接口方法定义          //实现接口方法
}//类体结束标志
```

下边我们具体说明接口的实现。

【例 5.12】定义一个梯形类来实现 Shape 接口。程序代码如下：

```
/*这是一个梯形类的程序
  *程序的名字：Trapezium.java，它实现了 Shape 接口。
  */
package shape;
public class Trapeziumimplements Shape{
    public double upSide;
    public double downSide;
    public double height;
    public Trapezium( ) {
        upSide=1.0;
        downSide=1.0;
        height=1.0;
    }
    public Trapezium( double upSide, double downSide, double height){
        this.upSide=upSide;
        this.downSide=downSide;
        this.height=height;
    }
    public double getArea( ) {          //接口方法的实现
        return 0.5 * ( upSide+downSide) * height;
    }
    public double getGirth( )//接口方法的实现
    {//尽管我们不计算梯形的周长，但也必须实现该方法。
        return 0.0;
    }
}
```

在程序中，我们实现了接口 shape 中的两个方法。对于其他的几何图形，可以参照该例子写出程序来。

需要提醒的是，可能实现接口的某些类不需要接口中声明的某个方法，但也必须实现它。类似这种情况，一般以空方法体(即以"{}"括起没有代码的方法体)实现它。

下边我们对 Shape 接口作一个测试。

【例5.13】计算上底为0.4，下底为1.2，高为4的梯形的面积。测试代码程序如下：

```
/*这是一个测试接口使用的例子
 *程序的名字是：TestInterfaceExam5_12. java
 */
package shape;
public class TestInterfaceExam5_12{
    public static void main(String args[]){
    Trapezium t1 = new Trapezium(0.4, 1.2, 4.0);
    System. out. println("上底为0.4，下底为1.2，高为4的梯形的面积="+t1. getArea());
    }
}
```

在后边的章节将对接口的应用作进一步的介绍，这里只是先对接口有一个基本概念上的认识。

本章小结

本章主要讨论了类之间的关系，包括类的继承、抽象类、内部类、匿名类、接口以及包的基本概念和特性。通过本章的学习，应进一步理解面向对象技术和面向对象的程序设计方法。由浅至深，逐步编写出简单的 java 类应用程序。

本章重点：

(1)类继承的基本思想、概念及应用。

(2)方法的重载和方法覆盖(重写)及两者之间的区别，应正确使用它们。

(3)包的基本概念及应用，访问限定符的限定范围及使用。

习题 5

1. 什么是抽象方法？什么是抽象类？如何使用抽象类？

2. 什么是抽象方法的实现？

3. 接口中的成员有什么特点？接口的访问控制能否声明为 private，为什么？

4. 什么是接口的实现？

5. 接口是如何实现多继承的？

6. 按要求编写程序：

(1)定义一个接口 Calculate，其中声明一个抽象方法用于计算图形面积。

(2)定义一个三角形(Triangle)类，描述三角形的底边及高，并实现 Calculate 接口。

(3)定义一个圆形(Circle)类，描述圆半径，并实现 Calculate 接口。

(4)定义一个圆锥(Taper)类，描述圆锥的底和高(底是一个圆对象)，计算圆锥的体积(公式：底面积＊高/3)。

(5)定义一个应用程序测试类，对以上创建的类中各成员进行调用测试。

第6章　系统常用类

在有了前边的基础知识之后，本章将介绍程序中最常用的系统类。为了简化程序设计的过程，Java 系统事先设计并实现了一些常用功能的标准类，诸如，Object、System、数组类、字符串类、日期类、数学处理类等。

6.1　常用的基础类

6.1.1　Objcet 类

在 Java 中 Object 类是所有类的父类(直接的或间接的)，也就是说 Java 中所有其他的类都是从 Object 类派生而来的。下边列出 Object 类几个主要方法：

(1)boolean equals(Object obj) 用来比较两个对象是否相同，相同时返回 true，否则返回 false。

(2)Class getClass() 获取当前对象所属类的信息，返回的是 Class 对象。

(3)String toString() 返回对象本身的相关信息，返回值是字符串。

(4)Object clone() 创建且返回一个本对象的复制对象(克隆)。

(5)void wait() 该线程等待，直到另一个线程叫醒它。

(6)int hashCode() 返回对象的哈希码值。

(7)void notify() 叫醒该对象监听器上正在等待的线程。

由于继承性，这些方法对于其他类的对象都是适用的。因此，在后边章节中对类的介绍时，将不再重述这些方法而直接使用它们。

6.1.2　System 类

System 类是最基础的类，它提供了标准的输入/输出、运行时系统(Runtime)信息。下边我们简要介绍它的属性和常用的方法。

1.属性

System 类提供了如下三个属性：

(1)final static PrintStream out 用于标准输出(屏幕)；

(2)final static InputStream in 用于标准输入(键盘)；

(3)final static PrintStream err 用于标准错误输出(屏幕)。

这三个属性同时又是对象，在前边的例子中已经多次使用过它们。

2. 几个常用方法

（1）static long currentTimeMillis( ) 用来获取 1970 年 1 月 1 日 0 时到当前时间的微秒数。

（2）static void exit(int status) 退出当前 java 程序。status 为 0 时表示正常退出，非 0 时表示因出现某种形式的错误而退出。

（3）static void gc( ) 回收无用的内存空间进行重新利用。

（4）static void arraycopy(Object src, int srcPos, Object dest, int destPos, int length) 将数组 src 中 srcpos 位置开始的 length 个元素复制到 dest 数组中以 destPos 位置开始的单元中。

（5）static String setProperty(String key, String value) 设置由 key 指定的属性值为 value。

（6）static String getProperties(String properties) 返回 properties 属性的值。表 6.1 列出了可以使用的属性。

表 6.1　属性

属性	说明
java. version	Java 运行环境版本
java. vendor	Java 运行环境 vendor
java. vendor. url	Java vendor URL
java. home	Java 安装目录
java. vm. specification. version	JVM 规范版本
java. vm. specification. vendor	JVM 规范 vendor
java. vm. specification. name	JVM 规范名
java. vm. version	JVM 实现版本
java. vm. vendor	JVM 实现 vendor
java. vm. name	JVM 实现名
java. specification. version	Java 运行环境规范版本
java. specification. vendor	Java 运行环境规范 vendor
java. specification. name	Java 运行环境规范名
java. class. version	Java 类格式版本号
java. class. path	Java 类路径
java. library. path	装入库时的路径表
java. io. tmpdir	默认的临时文件路径
java. compiler	JIT 编译器使用的名
java. ext. dirs	目录或延伸目录的路径
os. name	操作系统名
os. arch	操作系统结构
os. version	操作系统版本
file. separator	文件分割符（UNIX 为"/"）
path. separator	路径分割符（UNIX 为"："）
line. separator	行分隔符（UNIX 为" \n"）
user. name	用户的账户名
user. home	用户的基目录
user. dir	用户的当前工作目录

下边我们举例说明某些方法的应用。

【例 6.1】获取系统相关信息。

```
/* 程序名 DisplayPropertyExam6_1.java */
class DisplayProperty {
public static void main(String args[]) {   //main()方法
  System.out.println(System.getProperty("java.version"));
  System.out.println(System.getProperty("file.separator"));
  System.out.println(System.getProperty("java.vm.version"));
  System.out.println(System.getProperty("os.version"));
  System.out.println(System.getProperty("os.name"));
  System.out.println(System.getProperty("java.class.path"));
  System.out.println(System.getProperty("java.specification.vendor"));
  }
}
```

大家可以将要查看的属性放入程序输出语句中,运行程序,查看属性值。

【例 6.2】设置目录属性,将临时文件存储目录设置为 d:/temp,用户工作目录设置为 d:\userwork。

```
/* 程序名 Set_dirExam6_2.java */
public class Set_dir {
  public static void main(String args[])  {
    System.out.println("原临时文件存储目录名称:"+System.getProperty("java.io.tmpdir"));
    System.out.println("现将其设置为 d:/temp");
    System.setProperty("java.io.tmpdir", "d:/temp");
    System.out.println("原用户工作目录名称:"+System.getProperty("user.dir"));
    System.out.println("现将其设置为 d:/userwork");
    System.setProperty("user.dir", "d:/userwork");
    System.out.println("新的临时文件存储目录:"+System.getProperty("java.io.tmpdir"));
    System.out.println("新的用户工作目录名称:"+System.getProperty("user.dir"));
    }
}
```

注意:System 类不进行实例化,它的属性和方法均是 static 型,可直接用类名引用。在程序的开头也不需要"import java.lang.System"语句,系统默认它的存在。

6.1.3　Runtime 类

每个 Java 应用程序在运行时都有一个 Runtime 对象,用于和运行环境交互。Java JVM 自动生成 Runtime 对象,得到 Runtime 对象后,就可以获取当前运行环境的一些状态,如系统版本、用户目录、内存使用情况等。Runtime 类常用的方法如下:

（1）static RuntimegetRuntime（） 返回和当前 Java 应用程序关联的运行时对象。

（2）Process exec（String command） 在一个单独的进程中执行由 command 指定的命令。

（3）Process exec（String[ ] cmdarray） 在一个单独的进程中执行由 cmdarray 指定的带有参量的命令。

（4）Process exec（String[ ] cmdarray，String[ ] envp，File dir） 在一个单独的进程中，在 envp 中环境变量设置的环境和 dir 设置的工作目录下执行由 cmdarray 指定的带有参量的命令。

（5）voidload（String filename） 作为动态库装入由 filename 指定的文件。

（6）voidloadLibrary（String libname） 以 libname 指定的库名装入动态库。

（7）voidtraceInstructions（boolean on） 能够/禁止指令跟踪。

（8）voidtraceMethodCalls（boolean on） 能够/禁止方法调用跟踪。

（9）void exit（int status） 结束程序执行，status 表示结束状态。

（10）long freeMemory（） 返回 Java 系统当前可利用的空闲内存。

（11）long maxMemory（） 返回 JVM 所期望使用的最大内存量。

（12）long totalMemory（） 返回 Java 系统总的内存。

注意：applet 不能调用该类任何的方法。

下边举一个简单的例子说明 Runtime 类的应用。

【例 6.3】测试系统内存的大小，并在 Java 中装入记事本程序 notepad. exe。

```
/ * 程序名 RuntimeAppExam6_3. java * /
classRuntimeApp{
public static void main（String args[ ]） throws Exception{
    Runtime rt = Runtime. getRuntime（）；//创建对象
    System. out. println（"最大内存："+rt. maxMemory（））；
    System. out. println（"总内存："+rt. totalMemory（））；
    System. out. println（"可用内存："+rt. freeMemory（））；
    rt. exec（"notepad"）；//调用记事本程序
  }
}
```

6.1.4　基本数据类型类

如前所述，每一种基本数据类型都对应有相应的类包装，这些类提供了不同类型数据的转换及比较等功能。下边简要介绍一下 Integer 类。对于其他的基本类型类及细节说明，需要时可查阅相应的手册。

1. Integer 类的常用属性

（1）static int MAX_VALUE 最大整型常量 2147483647。

（2）static int MIN_VALUE 最小整型常量−2147483648。

（3）static int SIZE 能表示的二进制位数为 32。

2. 构造器

（1）Integer（int value） 以整数值构造对象。

（2）Integer（String s） 以数字字符串构造对象。

3. 常用方法

（1）byte byteValue( ) 返回整数的字节表示形式。

（2）short shortValue( ) 返回整数的 short 表示形式。

（3）in tintValue( ) 返回整数的 int 表示形式。

（4）long longValue( ) 返回整数 long 的表示形式。

（5）float floatValue( ) 返回整数 float 的表示形式。

（6）double doubleValue( ) 返回整数 double 的表示形式。

（7）int compareTo(Integer anotherInteger) 与另一个整数对象相比较，若相等返回 0；若大于比较对象，返回 1；否则返回-1。

（8）static Integer decode(String nm) 把字符串 nm 译码为一个整数。

（9）static int parseInt(String s) 返回字符串的整数表示形式。

（10）static int parseInt(String s, int radix) 以 radix 为基数返回字符串 s 的整数表示形式。

（11）static String toBinaryString(int i) 返回整数 i 的二进制字符串表示形式。

（12）static String toHexString(int i) 返回整数 i 的十六进制字符串表示形式。

（13）static String toOctalString(int i) 返回整数 i 的八进制字符串表示形式。

（14）static String toString(int i) 返回整数 i 的字符串表示形式。

（15）static String toString(int i, int radix) 以 radix 为基数返回 i 的字符串表示形式。

（16）static Integer valueOf(String s) 返回字符串 s 的整数对象表示形式。

（17）static Integer valueOf(String s, int radix) 以 radix 为基数返回字符串 s 的整数对象表示形式。

（18）static int bitCount(int i) 返回 i 的二进制表示中"1"位的个数。

下边我们写一个简单的例子看一下 Integer 类及方法的应用。

【例 6.4】输出整数 668 的各种进制数的表示。

```
//IntegerAppExam6_4. java
public class IntegerApp{
    public static void main( String args[ ] ){
    int n = 668;
    System. out. println("十进制表示："+n);
    System. out. println("二进制表示："+Integer. toBinaryString( n));
    System. out. println("八进制表示："+Integer. toOctalString( n));
    System. out. println("十二进制表示："+Integer. toString( n, 12));
    System. out. println ( "十六进制表示：" +
    Integer. toHexString( n));
    System. out. println("二进制表示中 1 位的个
    数："+Integer. bitCount( n));
    }
}
```

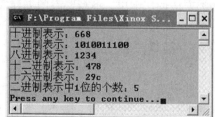

图 6.1　示例 6.4 运行结果

编译、运行程序，结果如图 6.1 所示。

6.1.5　Math 类

Math 类提供了用于数学运算的标准方法及常数。

1. 属性

（1）static final double E = 2.718281828459045；

（2）static final double PI = 3.141592653589793；

2. 常用方法

（1）static 数据类型 abs（数据类型 a）求 a 的绝对值。其中数据类型可以是 int、long、float 和 double。这是重载方法。

（2）static 数据类型 max（数据类型 a，数据类型 b）求 a，b 中的最大值。数据类型如上所述。

（3）static 数据类型 min（数据类型 a，数据类型 b）求 a，b 中的最小值。数据类型如上所述。

（4）static doubleacos（double a）返回 Arccos a 的值。

（5）static doubleasin（double a）返回 Arcsin a 的值。

（6）static doubleatan（double a）返回 Arctan a 的值。

（7）static doublecos（double a）返回 cos a 的值。

（8）static doubleexp（double a）返回 e^a 的值。

（9）static doublelog（double a）返回 ln a 的值。

（10）static doublepow（double a，double b）求 a^b 的值。

（11）static doublerandom（）产生 0~1 的随机值，包括 0 而不包括 1。

（12）static doublerint（double a）返回靠近 a 的且等于整数的值，相当于四舍五入去掉小数部分。

（13）static long round（double a）返回 a 靠近 long 的值.。

（14）static int round（float a）返回 a 靠近 int 的值。

（15）static doublesin（double a）返回 sin a 的值。

（16）static doublesqrt（double a）返回 a 的平方根。

（17）static doubletan（double a）返回 tg a 的值。

（18）static doubletoDegrees（double angrad）将 angrad 表示的弧度转换为度数。

（19）static doubletoRadians（double angdeg）将 angdeg 表示的度数转换为弧度。

Math 类提供了三角函数及其他的数学计算方法，它们都是 static 型的，在使用时直接作为类方法使用即可，不需要专门创建 Math 类的对象。

6.2　数组（再加上枚举）

数组是一种构造型的数据类型。数组中的每个元素具有相同的数据类型，且可以用数组名和下标来唯一地确定。数组是有序数据的集合。在 Java 语言中，提供了一维数组和多维数组。带一个下标的数组称为一维数组，带多个下标的数组称为多维数组。

6.2.1　一维数组

和其他变量一样,数组必须先声明定义,而后赋值,最后被引用。

1. 一维数组的声明

一维数组声明的一般格式如下:

数据类型 数组名[ ];

或:数据类型 [ ] 数组名;

其中:

(1)数据类型说明数组元素的类型,可以是 Java 中任意的数据类型。

(2)数组名是一个标识符,应遵照标识符的命名规则。

例如:

int intArray[ ];　 //声明一个整型数组

String strArray[ ];//声明一个字符串数组

数组的声明只是说明了数组元素的数据类型,系统并没有为其安排存储空间。要使用数组,还必须为其定义大小(安排存储空间)。

2. 一维数组大小的定义及初始化

一般情况下,使用 new 运算符定义数组大小,例如下边的程序语句:

int intArray[ ];　　　　 //声明一个整型数组

intArray = new int[5];//定义数组可以存放 5 个整数元素

String strArray[ ];　　 //声明一个字符串数组

String strArray = new String[3];//定义数组可以存放三个字符串元素

//为数组中每个元素赋值

intArray[0]=1;　 //数组下标从 0 开始

intArray[1]=2;

intArray[2]=3;

intArray[3]=4;

intArray[4]=5;

strArray[0]="How";

strArray[1]="are";

strArray[2]="you";

通常我们也采用如下方式为数组元素赋初值并由初值的个数确定数组的大小:

int intArray[ ]={1, 2, 3, 4};

String stringArray[ ]={"abc", "How", "you"};

以达到和上边同样的目的。

3. 一维数组元素的引用

如前所述,以数组名和下标引用数组元素,数组元素的引用方式为:

数组名[下标]

其中:

(1)下标可以为整型常数或表达式,下标值从 0 开始。

(2)数组是作为对象处理的,它具有长度(length)属性,用于指明数组中包含元素的个数。因此数组的下标从 0 开始到 length-1 结束。如果在引用数组元素时,下标超出了此范围,系统将产生数组下标越界的异常(ArrayIndexOutOfBoundsException)。

下边我们举例说明数组的应用。

【例 6.5】计算一组同学一门功课的平均成绩、最高成绩和最低成绩。

```java
/* 这是计算一组同学一门成绩情况的程序,使用数组 score 存放各同学的成绩
 * 变量 average 存放平均值、max 存放最高成绩、min 存放最低成绩。
 * 程序的名称为: Avg_Max_minExam6_5. java
 */
public class Avg_Max_Min {
    public static void main(String args[]) {
        int [] score = {72, 89, 65, 58, 87, 91, 53, 82, 71, 93, 76, 68};
        float average = 0.0f;
        float max = score[0];     //设置比较基值
        float min = score[0];     //设置比较基值
        for(int i = 0; i < score.length; i++) {
            average += score[i];
            if (max < score[i]) max = score[i];
            if (min > score[i]) min = score[i];
        }
        average /= score.length;
        System.out.println("average = " + average + " Max = " + max + " Min = " + min);
    }
}
```

编译运行程序,结果如图 6.2 所示。

图 6.2   示例 6.5 运行结果

6.2.2   二维及多维数组

在 Java 语言中,多维数组是建立在一维数组基础之上的,以二维数组为例,可以把二维数组的每一行看作是一个一维数组,因此可以把二维数组看作是一维数组的数组。同样也可以把三维数组看作二维数组的数组,以此类推。在通常的应用中一维、二维数组最为常见,更多维数组只应用于特殊的场合。下边我们仅介绍二维数组。

1.二维数组的声明

声明二维数组的一般格式如下：

数据类型　数组名［］［］；

或：数据类型　［］［］　数组名；

和一维数组类似，二维数组的声明只是说明了二维数组元素的数据类型并没有为其分配存储空间。

2.二维数组大小的定义及初始化

我们可以如下的方式定义二维数组的大小并为其赋初值。

（1）先声明而后定义最后再赋值

例如下边的程序语句：

```
int matrix[ ][ ];          //声明二维整型数组 matrix
matrix = new int[3][3];   //定义 matrix 包含 3×3 九个元素
matrix[0][0]=1;           //为第一个元素赋值
matrix[0][1]=2;           //为第二个元素赋值
matrix[0][2]=3;           //为第三个元素赋值
matrix[1][0]=4;           //为第四个元素赋值
      ……
matrix[2][2]=9;           //为第九个元素赋值
```

（2）直接定义大小而后赋值

例如下边的程序语句：

```
int matrix=new int[3][3];      //定义二维整型数组 matrix 包含 3×3 九个元素
matrix[0][0]=1;                //为第一个元素赋值
      ……
matrix[2][2]=9;                //为第九个元素赋值
```

（3）由初始化值的个数确定数组的大小

在元素个数较少并且初值已确定时通常采用此种方式，例如：

```
int matrix[ ][ ]={{1,2,3},{4,5,6},{7,8,9}};//由元素个数确定 3 行 3 列
```

3.二维数组元素的应用

下边我们举例说明二维数组的应用。

【例 6.6】两个矩阵相乘。设有三个矩阵 A、B、C，A 和 B 矩阵相乘，结果放入 C 中，即 C=A×B。要求：

A[l][m] × B[m][n] = C[l][n] 即矩阵 A 的列数应该等于矩阵 B 的行数，结果矩阵 C 的行数等于矩阵 A 的行数，列数等于矩阵 B 的列数。

C 矩阵元素的计算公式为：

$C[i][j] = \sum (a[i][k] * b[k][j])$（其中：$i=0\sim l$，$j=0\sim n$，$k=0\sim m$）

程序参考代码如下：

```
/* 这是求两个矩阵乘积的程序。程序名称：ProductOfMatrix.java */
public class ProductOfMatrixExam6_6{
    public static void main(String args[ ]){
```

```java
int A[ ][ ] =new int [2][3];                          //定义 A 为 2 行 3 列的二维数组
int B[ ][ ] = { {1, 5, 2, 8}, {5, 9, 10, -3}, {2, 7, -5, -18} }; //B 为 3 行 4 列
int C[ ][ ] =new int[2][4]; //C 为 2 行 4 列
System. out. println(" * * * Matrix A * * * ");
for( int i=0; i<2; i++){
   for( int j=0; j<3 ; j++){
     A[i][j] = (i+1) * (j+2); //为 A 各元素赋值
     System. out. print(A[i][j]+" ");                //输出 A 的各元素
     }
   System. out. println( );
  }
System. out. println(" * * * Matrix B * * * ");
for( int i=0; i<3; i++) {                            //输出 B 的各元素
   for( int j=0; j<4 ; j++) System. out. print(B[i][j]+" ");
   System. out. println( );
 }
System. out. println(" * * * Matrix C * * * ");
for( int i=0; i<2; i++) {
   for( int j=0; j<4; j++)   {                        //计算 C[i][j]
     C[i][j] =0;
     for( int k=0; k<3; k++) C[i][j]+=A[i][k] * B[k][j];
     System. out. print(C[i][j]+" ");       //输出 C[i][j]
   }
   System. out. println( );
  }
 }
}
```

编译、运行程序, 结果如图 6.3 所示。

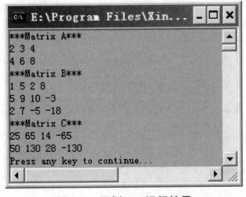

图 6.3　示例 6.6 运行结果

4. 不同长度的二维数组

在解线形方程组、矩阵运算等应用中,使用二维数组一般是相同长度的,即每行的元素个数是相等的。但有时我们会遇到类似三角形的阵列形式,如表6.2所示九九乘法表。

表6.2 九九乘法表

	1	2	3	4	5	6	7	8	9
1	1								
2	2	4							
3	3	6	9						
4	4	8	12	16					
5	5	10	15	20	25				
6	6	12	18	24	30	36			
7	7	14	21	28	35	42	49		
8	8	16	24	32	40	48	56	64	
9	9	18	27	36	45	54	63	72	81

要存储乘法表的值需要一个三角数组。在 Java 中,由于把二维数组看作是一维数组的数组,因此可以把二维数组的每一行作为一个一维数组分别定义,并不要求二维数组每一行的元素个数都相同。例如:

```
int a[ ][ ] = new int[2][ ];  //说明 a 是二维数组,有 2 行
a[0] = new int[3];           //a[0]定义第 1 行,有 3 列
a[1] = new int[5];           //a[1]定义第 2 行,有 5 列
```

下边就以九九乘法表为例说明不同长度二维数组的应用。

【例6.7】存储并输出九九乘法表。

```
/* 存储并输出九九乘法表程序,主要说明不同长度二维数组的应用
 * 程序的名字:Multiplication_tableExam6_7.java
 */
public class Multiplication_table{
  public static void main(String  args[ ]){
      int mulTable[ ][ ] = new int [9][ ];           //定义二维数组有 9 行
      for( int i=1; i<=9; i++) {
      mulTable[i-1] = new int[i];                    //定义各行的大小
      for( int j=1; j<=i; j++) mulTable[i-1][j-1]=i*j;  //计算乘法表
      }
                                                     //输出九九乘法表
    System. out. println("    |\t1\t2\t3\t4\t5\t6\t7\t8\t9");
    System. out. println("--+---------------------------------  --------
---------------------------");
    for( int i=0; i<9; i++) {
```

```
            System. out. print(" "+(i+1)+"|");
            for( int j=0; j<mulTable[i]. length; j++)
            System. out. print(" \t"+mulTable[i][j]);
            System. out. println(" ");
        }
    }
}
```

编译、运行程序，运行结果如图 6.4 所示。

```
<terminated> Multiplication_tableExam6_7 [Java Application] E:\softSetup\myeclipse10\Common\binary\com.sun.java.jdk.win32.x86_64_1.
   |    1      2      3      4      5      6      7      8      9
--+----------------------------------------------------------------
1|    1
2|    2      4
3|    3      6      9
4|    4      8     12     16
5|    5     10     15     20     25
6|    6     12     18     24     30     36
7|    7     14     21     28     35     42     49
8|    8     16     24     32     40     48     56     64
9|    9     18     27     36     45     54     63     72     81
```

图 6.4　示例 6.7 运行结果

6.2.3　数组(Arrays)类

数组是程序中常用的一种数据结构。在 java. util 类包中提供了 Array(数组)类，用于对数组进行诸如排序、比较、转换、搜索等运算操作。

Array 类提供众多的类方法(静态方法)对各种类型的数组进行运算操作，下边列出一些常用的类方法供大家使用时参考，如果使用其他的方法可参阅 JDK 文档。

(1) static void sort(数据类型 [ ] d)　用于对数组 d 进行排序(升序)，数据类型是除 boolean 之外的任何数据类型。

(2) static void sort(数据类型 [ ] a, int start, int end) 对数组 a 中指定范围从 start 到 end 位置之间的数据元素进行排序。当 start 大于 end 时引发 IllegalArgumentException 异常。当超界时，引发 ArrayIndexOutOfBoundsException 异常。

(3) static void fill(数据类型 [ ] a, 数据类型 value) 设置 a 数组各个元素的值为 value。

(4) static void fill(数据类型 [ ] a, int start, int end, 数据类型 value) 设置 a 数组中从 start 到 end 位置的元素的值为 value。

(5) static int binarySeach(数据类型[ ] a, 数据类型 key) 利用二进制搜索数组(排过序)内元素值为 key 的所在位置。

(6) static boolean equals(数据类型[ ] d1, 数据类型[ ] d2) 判断 d1 和 d2 两数组是否相等。

我们只要掌握类方法的引用即可对数组进行相关的运算操作。类方法的一般引用格式如下：

类名. 方法名(参量表);

下边我们举例说明其应用。

【例 6.8】将一组学生的单科成绩放在数组中, 分别将排序前和排序后的数据输出, 并搜索最靠近平均值的位置。

```java
Array_SortExam6_8. java
import java. util. Arrays;                //引入 java. util. Arrays 类
public class Array_Sort {
    public static void main(String args[ ]) {
    int[ ] score = {87, 76, 64, 89, 96, 78, 81, 78, 69, 95, 58, 92, 86, 79, 54};
    int average = 0;
    System. out. println("排序前: ");
    for(int i = 0; i<score. length; i++) {
        average+ = score[i];            //求总成绩
        System. out. print(score[i]+"   ");
    }
    average/ = score. length;            //求平均成绩
    Arrays. sort(score);                //排序
    System. out. println("\n 排序后: ");
    for(int i = 0; i<score. length; i++) System. out. print(score[i]+"   ");
                                         //输出搜索平均值的位置
    System. out. println("\n"+average+"的位置是: " +Arrays. binarySearch(score, average));
    }
}
```

编译、运行程序, 结果如图 6.5 所示。

图 6.5 例 6.8 运行结果

【例 6.9】对二维数组指定的行进行排序并观察输出结果。

```java
/* 本例主要演示对数组中部分数据进行排序, 即对二维数组中的某行进行排序
 * 程序名为 SortArrayExam6_9. java
 */
public class PartSort {
    public static void main(String args[ ]) {
```

```
int[ ][ ] intNum={{73, 85, 67, 72}, {56, 43, 92, 80, 84, 75}, {54, 67, 54, 98,
72}};
System. out. println("排序之前的数组：: ");
for( int i=0; i<intNum. length; i++){
 for( int j=0; j<intNum[i]. length; j++)
   System. out. print( intNum[i][j]+"    ");      //输出数组元素值
   System. out. println(" ");
}
Arrays. sort( intNum[1]);                          //调用排序方法对第二行进行排序
System. out. println(" \n 排序之后的数组：");
for( int i=0; i<intNum. length; i++){
   for( int j=0; j<intNum[i]. length; j++)
   System. out. print( intNum[i][j]+"    ");
   System. out. println( );
  }
 }
}
```

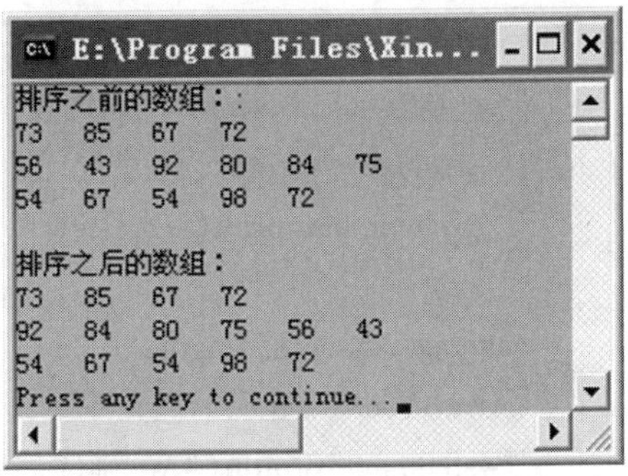

图 6.6　示例 6.9 运行结果

编译、运行程序，结果如图 6.6 所示。我们可以观察一下第二行数据的变化情况。

6.3　字符串

如前所述，字符是一基本的数据类型，而字符串是抽象的数据类型，只能使用对象表示字符串。前边我们已经对字符串进行了简单处理及操作。下边我们将详细介绍用于字符串处理的类及其应用。

6.3.1　String 类

String 类是最常用的一个类，它用于生成字符串对象，对字符串进行相关的处理。

1. 构造字符串对象

在前边我们使用字符串时，是直接把字符串常量赋给了字符串对象。其实 String 类提供了如下一些常用的构造函数用来构造字符串对象：

（1）String( ) 构造一个空的字符串对象。

（2）String(char chars[ ]) 以字符数组 chars 的内容构造一个字符串对象。

（3）String(char chars[ ], int startIndex, int numChars) 以字符数组 chars 中从 startIndex 位置开始的 numChars 个字符构造一个字符串对象。

（4）String(byte[ ] bytes) 以字节数组 bytes 的内容构造一个字符串对象。

（5）String(byte[ ] bytes, int offset, int length) 以字节数组 bytes 中从 offset 位置开始的 length 个字节构造一个字符串对象。

还有一些其他的构造函数，使用时可参考相关的手册。

下面的程序片段以多种方式生成字符串对象：

```
String s＝new String( )；                       //生成一个空串对象
char chars1[ ]＝{'a' , 'b' , 'c' }；             //定义字符数组 chars1
char chars2[ ]＝{'a' , 'b' , 'c' , 'd' , 'e'}；  //定义字符数组 chars2
String s1＝new String(chars1)；                  //用字符数组 chars1 构造对象 s1
String s2＝new String(chars2, 0, 3)；            //用 chars2 前 3 个字符构造对象
byte asc1[ ]＝{97, 98, 99}；                     //定义字节数组 asc1
byte asc2[ ]＝{97, 98, 99, 100, 101}；           //定义字节数组 asc2
String s3＝new String(asc1)；                    //用字节数组 asc1 构造对象 s3
String s4＝new String(asc2, 0, 3)；             //用字节数组 asc2 前 3 个字节构造对象 s4。
```

2. String 类对象的常用方法

String 类也提供了众多的方法用于操作字符串，以下列出一些常用的方法：

（1）public int length( ) 此方法返回字符串的字符个数。

（2）public char charAt(int index) 此方法返回字符串中 index 位置上的字符，其中 index 值的范围是 0~length-1。例如：

```
String str1＝new String(" This is a string. ")；   //定义字符串对象 str1
int n＝str1. length( )；                            //获取字符串 str1 的长度，n＝17
char ch1＝str1. charAt(n-2)；                       //获取字符串 str1 倒数第二个字符，ch1＝'g'
```

（3）public int indexOf(char ch) 返回字符 ch 在字符串中第一次出现的位置。

（4）public lastIndexOf(char ch) 返回字符 ch 在字符串中最后一次出现的位置。

（5）public int indexOf(String str) 返回子串 str 在字符串中第一次出现的位置。

（6）public int lastIndexOf(String str) 返回子串 str 在字符串中最后一次出现的位置。

（7）public int indexOf(int ch, int fromIndex) 返回字符 ch 在字符串中 fromIndex 位置以后第一次出现的位置。

（8）public lastIndexOf(in ch , int fromIndex) 返回字符 ch 在字符串中 fromIndex 位置以后最后一次出现的位置

（9）public int indexOf(String str, int fromIndex) 返回子串 str 在字符串中 fromIndex 位置后第一次出现的位置。

（10）public int lastIndexOf(String str, int fromIndex) 返回子串 str 在字符串中 fromIndex 位置后最后一次出现的位置。例如：

```
String str2＝new String("too wonderful for words; most intriguing. ")；
int n＝str2. indexOf('o')；      // n＝1
n＝str2. lastIndexOf('o')；      // n＝25
n＝str2. indexOf("wo")；         // n＝4
n＝str2. lastIndexOf("wo")；     // n＝18
n＝str2. indexOf('o', 16)；      // n＝19
n＝str2. indexOf('r', 21)；      // n＝32
```

（11）public String substring(int beginIndex) 返回字符串中从 beginIndex 位置开始的字符子串。

（12）public String substring(int beginIndex, int endIndex) 返回字符串中从 beginIndex 位置开始到 endIndex 位置(不包括该位置)结束的字符子串。例如：

String str3 = new String(" it takes time to know a person");

String str4 = str3. substring(16);　　//str4 = "know a person"

String str5 = str3. substring(3, 8);　　//str5 = "takes"

（13）public String contact(String str) 用来将当前字符串与给定字符串 str 连接起来。

（14）public String replace(char oldChar, char newChar) 用来把串中所有由 oldChar 指定的字符替换成由 newChar 指定的字符以生成新串。

（15）public String toLowerCase( ) 把串中所有的字符变成小写且返回新串。

（16）public String toUpperCase( ) 把串中所有的字符变成大写且返回新串。

（17）public String trim( ) 去掉串中前导空格和拖尾空格且返回新串。

（18）public String[ ] split(String regex) 以 regex 为分隔符来拆分此字符串。

文字(字符串)处理在应用系统中是很重要的一个方面，应该熟练掌握字符串的操作。限于篇幅还有一些方法没有列出，需要时请参阅相关的手册。

3. 字符串应用示例

【例 6.10】生成一班 20 位同学的学号并按每行 5 个输出。

```
/ * 程序名：StringOp1. java   * /
public class StringOp1{
    public static void main( String args [ ]){
        int num = 101;
        String str = "20060320";
        String[ ] studentNum = new String[20];          //存放学号
        for( int i = 0; i<20; i++)   {
            studentNum[ i] = str+num;                    //生成各学号
            num++;
        }
        for( int i = 0; i<20; i++) {
            System. out. print( studentNum[ i]+"   " );
            if(( i+1)%5 = = 0) System. out. println( "  " ); //输出 5 个后换行
        }
    }
}
```

程序运行结果如图 6.7 所示。

图 6.7　示例 6.10 运行结果

注意：由于字符串的连接运算符"+"使用简便，所以很少使用 contact( )方法进行字符串连接操作。当一个字符串与其他类型的数据进行"+"运算时，系统自动将其他类型的数据转换成字符串。例如：

int a=10, b=5;
String s1 = a+" + " +b+" = " +a+b;
String s2 = a+" + " +b+" = " +(a+b);
System. out. println(s1);   //输出结果：10+5=105
System. out. println(s2);   //输出结果：10+5=15

大家可以思考一下 s1 和 s2 的值为什么不一样。

【例 6.11】 给出一段英文句子，将每一个单词分解出来放入数组元素中并排序输出。

```java
/*本程序的主要目的是演示对象方法的使用。
    程序名：UseStringMethod. java
*/
  import java. util. Arrays;                //引入数组类 Arrays
  public class UseStringMethod{
   public static void main(String    args[ ]){
    String str1 = " The  String  class  represents  character  strings.  All  string  literals  in  Java
    programs, such as \"abc\", are implemented as instances of this class. ";
    String [ ] s =new String[50];     //定义数组含 50 个元素
    str1=str1. replace('\"',' ');    //将字符串中的转义字符\"替换为空格
    str1=str1. replace(',',' ');     //将字符串中的,号字符替换为空格
    str1=str1. replace('.',' ');     //将字符串中的.字符替换为空格
    //System. out. println(str1);     //输出处理后的字符串
    int i=0, j;
    while((j=str1. indexOf(" "))>0) //查找空格,若找到,则空格前是一单词
    { s[i++]=str1. substring(0, j);    //将单词取出放入数组元素中
      str1=str1. substring(j+1);      //在字符串中去掉取出的单词部分
      str1=str1. trim( );             //去掉字符串的前导空格
     }
    Arrays. sort(s, 0, i);            //在上边析取了 i 个单词,对它们进行排序
    for(j=0; j<i; j++){
      System. out. print(s[j]+"   "); //输出各单词
      if((j+1)%5==0) System. out. println( );
     }
    System. out. println( );
   }
}
```

程序运行结果如图 6.8 所示。

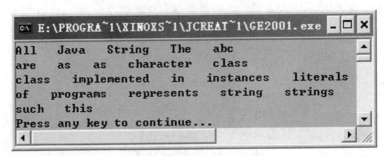

图 6.8　示例 6.11 运行结果

6.3.2　StringBuffer 类

在字符串处理中，String 类生成的对象是不变的，即 String 中对字符串的运算操作不是在源字符串对象本身上进行的，而是使用源字符串对象的拷贝去生成一个新的字符串对象，其操作的结果不影响源串。

StringBuffer 中对字符串的运算操作是在源字符串本身上进行的，运算操作之后源字符串的值发生了变化。StringBuffer 类采用缓冲区存放字符串的方式提供了对字符串内容进行动态修改的功能，即可以在字符串中添加、插入和替换字符。StringBuffer 类被放置在 java. lang 类包中。

1. 创建 StringBuffer 类对象

使用 StringBuffer 类创建 StringBuffer 对象，StringBuffer 类常用的构造方法如下：

（1）StringBuffer( ) 用于创建一个空的 StringBuffer 对象；

（2）StringBuffer(int length) 以 length 指定的长度创建 StringBuffer 对象；

（3）StringBuffer(String str) 用指定的字符串初始化创建 StringBuffer 对象。

注意：与 String 类不同，必须使用 StringBuffer 类的构造函数创建对象，不能直接定义 StringBuffer 类型的变量。

如：StringBuffer sb = "This is string object!";是不允许的。

必须使用：StringBuffer sb = new StringBuffer("This is string object!");

由于 StringBuffer 对象是可以修改的字符串，所以在创建 StringBuffer 对象时，并不一定都进行初始化工作。

2. 常用方法

（1）插入字符串方法 insert( )

insert( )方法是一个重载方法，用于在字符串缓冲区中指定的位置插入给定的字符串。它有如下形式：

① insert(int index, 类型 参量) 可以在字符串缓冲区中 index 指定的位置处插入各种数据类型的数据(int、double、boolean、char、float、long、String、Object 等)。

② insert(int index, char [ ] str, int offset, int len) 可以在字符串缓冲区中 index 指定的位置处插入字符数组中从下标 offset 处开始的 len 个字符。如：

StringBufferName = new StringBuffer("李青青");

Name. insert(1, "杨");

System. out. println(Name. toString( ));//输出：李杨青青

（2）删除字符串方法

StringBuffer 类提供了如下常用的删除方法：

① delete（int start，int end）用于删除字符串缓冲区中位置从 start 至 end 之间的字符。

② deleteCharAt（int index）用于删除字符串缓冲区中 index 位置处的字符。

如：

StringBufferName = new StringBuffer（"李杨青青"）；

Name.delete（1，3）；

System.out.println（Name.toString（））；//输出：李青

（3）字符串添加方法 append（）

append（）方法是一个重载方法，用于将一个字符串添加到一个字符串缓冲区的后面，如果添加字符串的长度超过字符串缓冲区的容量，则字符串缓冲区将自动扩充。它有如下形式：

① append（数据类型 参量名）可以向字符串缓冲区添加各种数据类型的数据（int、double、boolean、char、float、long、String、Object 等）。

② append（char[ ] str，int offset，int len）将字符数组 str 中从 offset 指定的下标位置开始的 len 个字符添加到字符串缓冲区中。如：

StringBuffer Name = new StringBuffer（"李"）；

Name.append（"杨青青"）；

System.out.println（Name.toString（））；//输出：李杨青青

（4）字符串的替换操作方法 replace（）

replace（）方法用于将一个新的字符串去替换字符串缓冲区中指定的字符。它的形式如下：

replace（int start，int end，String str）

用字符串 str 替换字符串缓冲区中从位置 start 到 end 之间的字符。如：

StringBufferName = new StringBuffer（"李杨青青"）；

Name.replace（1，3，"　"）；

System.out.println（Name.toString（））；//输出：李青

（5）获取字符方法

StringBuffer 提供了如下从字符串缓冲区中获取字符的方法：

① charAt（int index）取字符串缓冲区中由 index 指定位置处的字符；

② getChars（int start，int end，char[ ] dst，int dstStart）取字符串缓冲区中从 start 至 end 之间的字符并放到字符数组 dst 中以 dstStart 下标开始的数组元素中。

如：

StringBufferstr = new StringBuffer（"三年级一班学生是李军"）

char[ ] ch = new char[10]；

str.getChars（0，7，ch，3）；

str.getChars（8，10，ch，0）；

chr[2] = str.charAt（7）；

System.out.println（ch）；　　//输出：李军是三年级一班学生

（6）其他几个常用方法

① toString( ) 将字符串缓冲区中的字符转换为字符串。

② length( ) 返回字符串缓冲区中字符的个数。

③ capacity( ) 返回字符串缓冲区总的容量。

④ ensureCapacity(int minimumCapacity) 设置追加的容量大小。

⑤ reverse( ) 将字符串缓冲区中的字符串翻转。如：

StringBuffer str = new StringBuffer("1 东 2 西 3 南 4 北 5")；

str. reverse( )；

System. out. println(str. toString( ))；//输出：5 北 4 南 3 西 2 东 1

⑥ lastIndexOf(String str) 返回指定的字符串 str 在字符串缓冲区中最右边（最后）出现的位置。

⑦ lastIndexOf(String str, int fromIndex) 返回指定的字符串 str 在字符串缓冲区中由 fromIndex 指定的位置前最后出现的位置。

⑧ substring(int start) 取字串。返回字符串缓冲区中从 start 位置开始的所有字符。

⑨ substring(int start, int end) 取字串。返回字符串缓冲区中从位置 start 开始到 end 之前的所有字符。

3. 应用举例

【例 6.12】建立一个学生类，包括学号、姓名和备注项的基本信息。为了便于今后的引用，单独建立一个 Student 类如下：

```
/*程序名：Student. java */
package student；
import java. lang. StringBuffer；
public class Student{
    public String studentID；        //学号
    public String studentName；      //姓名
    public StringBuffer remarks；     //备注
    public Student(String ID, String name, String remarks) {    //构造方法

    studentID=ID；
    studentName=name；
    this. remarks=new StringBuffer(remarks)；
    public void display(Student obj) {                        //显示方法
       System. out. print(obj. studentID+"    "+obj. studentName)；
       System. out. println(obj. remarks. toString( ))；
    }
    }
}
```

【例 6.13】创建学生对象，对学生的备注项进行修改。

/*程序名：CreateStudent. java */

```
import Student;
public class CreateStudent{
    public static void main(String args[]){
     Student [] students = new Student[3];
     Students[0] = new Student("20060120105","张山仁","");
     Students[1] = new Student("20060120402","李斯文","");
     Students[2] = new Student("20060120105","王五强","");
     Students[1].remarks.append(" 2006 秋季运动会 5000 米长跑第一名");
     Students[2].remarks.insert(0," 2006 第一学期数学课代表");
     for(int i=0; i<students.length; i++) {
       students[i].display(students[i]);
      }
    }
}
```

先编译 Sudent.java，再编译 CreateStudent.java，执行结果如图 6.9 所示。

图 6.9 示例 6.13 运行结果

6.3.3 StringTokenizer 类

字符串是 Java 程序中主要的处理对象，在 Java.util 类包中提供的 StringTokenizer(字符串标记)类主要用于对字符串的分析、析取，如提取一篇文章中的每个单词等。下边我们简要介绍 StringTokenizer 类的功能和应用。

1.StringTokenizer 类的构造器

StringTokenizer 类对象构造器如下：

(1)StringTokenizer(String str)

(2)StringTokenizer(String str, String delim)

(3)StringTokenizer(String str, String delim, boolean returnDelims)

其中：

str 是要分析的字符串。

delim 是指定的分界符。

returnDelims 确定是否返回分界符。

可将一个字符串分解成数个单元(Token—标记)，以分界符区分各单元。系统默认的分界符是空格" "、制表符"\t"、回车符"\r"、分页符"\f"。当然也可指定其他的分界符。

2.常用方法

StringTokenizer 提供的常用方法如下：

（1）int countTokens( ) 返回标记的数目。

（2）boolean hasMoreTokens( ) 检查是否还有标记存在。

（3）String nextToken( ) 返回下一个标记；

（4）String nextToken(String delimit) 根据 delimit 指定的分界符，返回下一个标记。

3. 应用举例

【例 6.14】统计字符串中的单词个数。

```java
/ * 程序名 TokenExample. java * /
import java. util. StringTokenizer;
class TokenExample {
  public static void main( String args[ ] ) {
    StringTokenizer tk = new StringTokenizer( "It is an example" );
    int n = 0;
    while( tk. hasMoreTokens( ) ) {
      tk. nextToken( );
      n++;
    }
    System. out. println( "单词个数：" +n);    //输出单词数
  }
}
```

【例 6.15】按行输出学生的备注信息。

```java
/ * 程序名：OutStudentInformation. java * /
import student. Student;
import java. util. StringTokenizer;
public class OutStudentInformation{
  public static void main( String args[ ] ){
    Student [ ] students = new Student[3];
    Students[0] = new Student( "20060120105", "张山仁", "" );
    Students[1] = new Student( "20060120402", "李斯文", " 2006 秋季运动会 5000 米长
跑第一名 院英语竞赛第二名" );
    Students[2] = new Student( "20060120105", "王五强", " 2006 第一学期数学课代表 一
等奖学金" );
    for( int i = 0; i<students. length; i++) {
      System. out. println( " \n" +students[ i]. studentName+"简介：" );
      StringTokenizer tk = new StringTokenizer( students[ i]. remarks.  toString( ) );
      while( tk. hasMoreTokens( ) )
      System. out. println( tk. nextToken( ) );
    }
  }
}
```

请大家自己运行一下上述的两个例子，加深对字符串处理的认识。

6.4　其他常用工具类

在前边我们介绍了 Java. util 包中 StringTokenizer 和 Arrays 类，下边再介绍几个常用的工具类。

6.4.1　向量(Vector)类

和数组类似，向量也是一组对象的集合，所不同的是，数组只能保存同一类型固定数目的元素，一旦创建，便只能更改其元素值而不能再追加数组元素。尽管可以重新定义数组的大小，但这样做的后果是原数据丢失，相当于重新创建数组。向量既可以保存不同类型的元素，也可以根据需要随时追加对象元素，从某种意义上说，它相当于动态可变的数组。

下边我们简要介绍一下向量的功能和应用。

1. Vector 类的构造器

创建 Vector 对象的构造器如下：

(1) Vector( ) 创建新对象。其内容为空，初始容量为 10。

(2) Vector(Collection obj) 以类 Collection(集合)的实例 obj 创建新对象，新对象包含了 Collection 对象 obj 的所有的元素内容。

(3) Vector(int initialCapacity) 创建新对象。其内容为空，初始容量由 initialCapacity 指定。

(4) Vector(int initialCapacity, int capacityIncrement) 创建新对象。其内容为空，初始容量由 initialCapacity 指定，当存储空间不够时，系统自动追加容量，每次追加量由 capacity Increment 指定。如：

VectorstudentVector = new Vector(100, 10);

创建对象时，初始容量为 100，以后根据使用需要以 10 为单位自动追加容量。

2. 常用方法

Vector 类提供的常用方法如下：

(1) 添加元素方法 add( )

① viod add(int index, Object obj) 在向量中由 index 指定的位置处存放对象 obj。

② boolean add(Object obj) 在向量的尾部追加对象 obj。若操作成功，返回真值，否则返回假值。

③ boolean addAll(Collection obj) 在向量的尾部追加 Collection 对象 obj。若操作成功，返回真值，否则返回假值。

④ addAll(int index, Collection obj) 在向量中由 index 指定的位置处开始存放 Collection 对象 obj 的所有元素。

⑤ insertElement(Object obj, int index) 在向量中由 index 指定的位置处存放对象 obj。

如：

Vector aVector = new Vector(5);

aVector. add(0, "aString");

Integer aInteger = new Integer(12);

aVector. add(1, aInteger);

(2)移除元素方法 remove()

① remove(int index) 在向量中移除由 index 指定位置的元素。

② boolean remove(Object obj) 在向量中移除首次出现的 obj 对象元素。若操作成功,返回真值,否则返回假值。

③ boolean removeAll(Collection obj) 在向量中移除 obj 对象的所有元素。若操作成功,返回真值,否则返回假值。

④ removeAllElements() 在向量中移除所有元素。

(3)获取元素方法

① Object get(int index) 获取由 index 指定位置的向量元素。

② Object lastElement() 获取向量中最后一个元素。

③ Object[] toArray() 将向量中的所有元素依序放入数组中并返回。

(4)查找元素方法 indexOf()

① int indexOf(Object obj) 获得 obj 对象在向量中的位置。

② int indexOf(Object obj, int index) 从 index 位置开始查找 obj 对象,并返回其位置。

③ boolean contains(Object obj) 查找向量中是否存在 obj 对象,若存在返回 ture;否则返回 false。

(5)其他方法

① boolean is Empty() 测试向量是否为空。

② int capacity() 返回向量的当前容量。

③ int size() 返回向量的大小即向量中当前元素的个数。

④ boolean equals(Object obj) 将向量对象与指定的对象 obj 比较是否相等。

注意:向量的容量与向量的大小是两个不同的概念。向量容量是指为存储元素开辟的存储单元,而向量的大小是指向量中现有元素的个数。

3. 应用举例

在前边的例子中,我们使用 StringTokenizer 类和数组的功能统计字符串中单词出现的频度,下边还以析取单词为例,使用向量的功能进行相关的处理。

【例 6.16】统计一个英文字符串(或文章)中使用的单词数。

程序的基本处理思想和步骤如下:

(1)利用 StringTokenizer 类对象的功能析取单词;

(2)为保证唯一性,去掉重复的单词,并将单词存入向量中;

(3)利用 Vector 类对象的功能,统计单词数。

程序代码如下:

```
/* 程序名 WordsVector. java */
import java. util. * ;
class WordsVector{
  public static void main(String args[] ) {
    StringTokenizer tk = new StringTokenizer("It is an example for obtaining words . It uses
    methods in Vector class . ");
```

```
        Vector vec＝new Vector( );                        //定义向量
        while(tk.hasMoreTokens( )){
          String str＝new String(tk.nextToken( ));//取单词
          if(!(vec.contains(str))) vec.add(str);//若向量中无此单词则写入
        }
      for(int i=0; i<vec.size( ); i++) System.out.print(vec.get(i)+" ");//输出各单词
      System.out.println("\n 字符串中使用了"+vec.size( )+"个单词");
      }
    }
```

【例6.17】修改上例改用 Vector 类的功能统计一个英文字符串(或文章)中使用的单词数。

程序的基本思想和处理步骤是：

(1)利用 StringTokenizer 类对象的功能析取单词，并将析取的单词存入向量中；

(2)利用 Vector 类的查找方法定位重复的单词，计数后并移除；

(3)将单词的计数插入到向量中单词的后边；

(4)输出各单词及出现次数。

程序代码如下：

```
/*程序名 WordCount_Vector.java*/
import java.util.*;
class WordCount_Vector{
  public static void main(String args[ ]) {
    StringTokenizer tk = new StringTokenizer("It is an example for sorting arrays. It uses
    methods in arrays class");
    Vector vec＝new Vector( );
    while(tk.hasMoreTokens( )) vec.add(tk.nextToken( ));    //获取单词放入向量
    int i=0;
    while(i<vec.size( )) {
      String str＝(String)vec.get(i);
      int count ＝1;
      int location＝0;
      while((location＝vec.indexOf(str, i+1))>0) {      //查找重复的单词
        count++;    //计数
        vec.remove(location);                          //移除重复的单词
      }
      i++;                                             //移动到单词的下一个位置
      vec.insertElementAt(count, i);                   //将计数插入到单词后边的单元
      i++;                                             //移动到下一个单词位置
    }
    for(i=0; i<vec.size( ); i=i+2)                     //输出各单词出现次数
```

```
System. out. println( vec. get( i) +" 单词出现" +vec. get( i+1) +" 次" );
    }
}
```

请读者认真阅读上述程序,写出自己认为的结果。然后再输入、编译、运行程序,比较一下结果。也可以按照自己的思想修改程序,只要达到目的即可。类包中的类一般都提供了众多的方法,要完成某一工作,实现的方法并不是唯一的。在介绍类的功能时,限于篇幅,只是介绍了一些常用的方法,不可能全部介绍,因此一定要掌握面向对象程序设计的基本思想和方法,在设计程序的过程中,根据需要可查阅系统提供的帮助文档。

6.4.2　Date 类

Date 类用来操作系统的日期和时间。

1. 常用的构造器

(1) Date() 用系统当前的日期和时间构建对象。

(2) Date(long date) 以长整型数 date 构建对象。date 是从 1970 年 1 月 1 日零时算起所经过的毫秒数。

2. 常用的方法

(1) boolean after (Date when) 测试日期对象是否在 when 之后。

(2) boolean before (Date when) 测试日期对象是否在 when 之前。

(3) int compareTo (Date anotherDate) 日期对象与 anotherDate 比较,如果相等返回 0 值;如果日期对象在 anotherDate 之后返回 1,否则在 anotherDate 之前返回-1。

(4) long getTime () 返回自 1970.1.1 00:00:00 以来经过的时间(毫秒数)。

(5) void setTime (long time) 以 time(毫秒数)设置时间。

6.4.3　Calendar 类

Calendar 类能够支持不同的日历系统,它提供了多数日历系统所具有的一般功能,它是抽象类,这些功能对子类可用。

下边我们简要介绍一下 Calendar 类。

1. 类常数

该类提供了如下一些日常使用的静态数据成员:

(1) AM(上午)、PM(下午)、AM_PM(上午或下午);

(2) MONDAY ~ SUNDAY(星期一 ~ 星期天);

(3) JANUARY ~ DECENBER(一月 ~ 十二月);

(4) ERA(公元或公元前)、YEAR(年)、MONTH(月)、DATE(日);

(5) HOUR(时)、MINUTE(分)、SECOND(秒)、MILLISECOND(毫秒);

(6) WEEK_OF_MONTH(月中的第几周)、WEEK_OF_YEAR(年中的第几周);

(7) DAY_OF_MONTH(当月的第几天)、DAY_OF_WEEK(星期几)、DAY_OD_YEAR(一年中第几天)等。

另外还提供了一些受保护的数据成员,需要时请参阅文档。

2. 构造器

(1)protected Calendar() 以系统默认的时区构建 Calendar。

(2)protected Calendar(TimeZone zone, Locale aLocale) 以指定的时区构建 Calendar。

3. 常用方法

(1)boolean after(Object when) 测试日期对象是否在对象 when 表示的日期之后。

(2)boolean before(Object when) 测试日期对象是否在对象 when 表示的日期之前。

(3)final void set(int year, int month, int date) 设置年、月、日。

(4)final void set(int year, int month, int date, int hour, int minute, int second) 设置年、月、日、时、分、秒。

(5)final void setTime(Date date) 以给出的日期设置时间。

(6)public int get(int field) 返回给定日历字段的值。

(7)static Calendar getInstance() 用默认或指定的时区得到一个对象。

(8)final Date getTime() 获得表示时间值(毫秒)的 Date 对象。

(9)TimeZone getTimeZone() 获得时区对象。

(10)long getTimeInMillis() 返回该 Calendar 以毫秒计的时间。

(11)static Calendar getInstance(Locale aLocale) 以指定的地点及默认的时区获得一个 calendar 对象。

(12)static Calendar getInstance(TimeZone zone) 以指定的时区获得一个 calendar 对象。

(13)static Calendar getInstance(TimeZone zone, Locale aLocale) 以指定的地点及时区获得一个 calendar 对象。

该类提供了丰富的处理日期和时间的方法，上边只是列出了一部分，详细内容请参阅 API 文档。

4. 应用举例

Calendar 是抽象类，虽然不能直接建立该类的对象，但可以通过该类的类方法获得 Calendar 对象。

【例 6.18】使用 Calendar 类的功能显示日期和时间。

```
/* 程序名 CalendarApp.java */
import java.util.*;
public class CalendarApp {
  String[] am_pm={"上午","下午"};
  public void display(Calendar cal){
   System.out.print(cal.get(Calendar.YEAR)+".");
   System.out.print((cal.get(Calendar.MONTH)+1)+".");
   System.out.print(cal.get(Calendar.DATE)+" ");
   System.out.print(am_pm[cal.get(Calendar.AM_PM)]+" ");
   System.out.print(cal.get(Calendar.HOUR)+":");
   System.out.print(cal.get(Calendar.MINUTE)+":");
   System.out.println(cal.get(Calendar.SECOND));
  }
```

```
public static void main(String args[ ]) {
    Calendar calendar = Calendar.getInstance();        //用默认时区得到对象
    CalendarApp testCalendar = new CalendarApp();
    System.out.print("当前的日期时间：");
    testCalendar.display(calendar);                     //调用方法显示日期时间
    calendar.set(2000, 0, 30, 20, 10, 5);              //设置日期时间
    System.out.print("新设置日期时间：");
    testCalendar.display(calendar);
    }
}
```

应该注意到 MONTH 常数是以 0~11 计算的，即第 1 月为 0，第 12 月为 11。程序执行结果如图 6.10 所示。

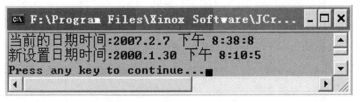

图 6.10   示例 6.12 运行结果

6.4.4 GregorianCalendar 类

GregorianCalendar 是一个标准的日历类，它从抽象类 Calendar 派生而来。下边我们简要介绍该类的功能和应用。

1. 常用构造器

（1）GregorianCalendar( ) 以当地默认的时区和当前时间创建对象。如北京时间时区为 Asia/Beijing。

（2）GregorianCalendar(int year, int momth, int date) 用指定的 year、month、date 创建对象。

（3）GregorianCalendar(int year, int month, int day, int hour, int minute, int second) 用指定的 year、month、day 和 hour、minute、second 创建对象。

（4）GregorianCalendar(TimeZone zone) 以指定的 zone 创建对象。

（5）GregorianCalendar(Locale locale) 以指定的 locale 创建对象。

（6）GregorianCalendar(TimeZone zone, Locale locale) 以指定的 zone 与 locale 创建对象。

2. 常用的方法

GregorianCalendar 是 Calendar 的子类，它实现了父类中的所有的抽象方法并覆盖重写了父类的某些方法，除此之外，自己还定义了一些方法，需要时请查阅相关的文档。下边列出常用的方法：

boolean is LeapYear(int year)   判断某年是否为闰年。

3. 应用举例

在实际的应用程序中经常会用到日期和时间，诸如实时控制程序，联机考试的计时程序

等。下边举一个简单的例子说明计时应用。

【例 6. 19】计算并输出 21 世纪的闰年，计算程序的执行时间。

```
/ * 程序名 Program_Run_Time. java * /
import java. util. * ;
class Program_Run_Time{
  public static void main( String args[ ] ) throws Exception{
  GregorianCalendar gCalendar = new GregorianCalendar( );
  long millis = gCalendar. getTimeInMillis( );
  System. out. println("21 世纪闰年如下：");
  for( int year = 2000; year<2100; year++){
  if( gCalendar. isLeapYear( year) ) System. out. print( year+" ");
  }
  System. out. print( "\n\n 程序运行时间为：");
  millis = System. currentTimeMillis( ) −millis;
    System. out. println( millis+" 微秒");
  }
}
```

读者可以编译运行该程序并检验执行结果。

6. 4. 5　Random 类

在实际生活和工作中，我们会经常遇到随机数的应用，诸如摇奖号码的产生、考试座位的随机编排等。在前边介绍的 Math 类的 random( )方法可以产生 0 ~ 1 之间的随机数。Random 类是专门产生伪随机数的类，下边简要介绍 Random 类功能及应用。

1. 构造器

产生伪随机数是一种算法，它需要一个初始值（又称种子数），种子一样，产生的随机数序列就一样。使用不同的种子数则可产生不同的随机数序列。

（1）Random( ) 以当前系统时钟的时间（毫秒数）为种子构造对象，该构造器产生的随机数序列不会重复。

（2）Random(long seed) 以 seed 为种子构造对象。

2. 常用方法

（1）void setSeed(long seed) 设置种子数。

（2）void nextBytes(byte[ ] bytes) 产生一组随机字节数放入字节数组 bytes 中。

（3）int nextInt( ) 返回下一个 int 伪随机数。

（4）int nextInt(int n) 返回下一个 0 ~n(包括 0 而不包括 n)之间的 int 伪随机数。

（5）long nextLong( ) 返回下一个 long 伪随机数。

（6）float nextFloat( ) 返回下一个 0. 0 ~1. 0 之间的 float 伪随机数。

（7）double nextDouble( ) 返回下一个 0. 0 ~1. 0 之间的 double 伪随机数。

3. 应用举例

【例 6. 20】为 n 个学生考试随机安排座位号。

程序的基本处理思想如下：

(1)使用一个 2 行 n 列的二维数组存放学生信息，第一行存放学号，第二行存放相应的座号；

(2)生成学生的学号；

(3)编写一个方法使用产生随机数的方式并去掉重复的随机数完成座位排号。

程序参考代码如下：

```java
/*程序名 RandomApp.java */
import java.util.*;
public class RandomApp{
    public void produceRandomNumbers(int[] a){
        Random rd=new Random();                     //创建 Random 对象
        int i=0;
        int n=a.length;
        L0: while(i<n)
        {
            int m=rd.nextInt(n+1);                  //产生 0~n+1 之间的座号
            if(m<=0) continue;                       //若 m<=0，去产生下一个座号
            for(int j=0; j<=i; j++) if(a[j]==m) continue L0; //座号存在，去产生下一个
            a[i]=m;
            i++;
        }
    }
    public static void main(String args[]){
        int n=30;
        int [][] student=new int[2][n];
        RandomApp obj=new RandomApp();
        for(int i=0; i<n; i++)    {
            student[0][i]=200602001+i;              //生成学号
            student[1][i]=0;                         //座号先置 0
        }
        obj.produceRandomNumbers(student[1]);       //调用方法生成座号
        for(int i=0; i<n; i++){                      //输出学号及对应的座号
            System.out.println(student[0][i]+"    "+student[1][i]);
        }
    }
}
```

读者可以编译运行该程序并检验执行结果。

本章小结

本章简要介绍了字符串类 String、字符串缓冲类 StringBuffer、字符串标记类 StringTokenizer；数组类 Array 及向量类 Vector；基础类 Object、System 和 Runtime；基本数据类型，Math、Date、Calendar 和 GregorianCalendar 及 Random 类。它们在 Java 程序设计中是常用的，是最基本的一些类。

本章重点：这些基础类常用方法的使用，各参数的含义。面向对象的程序设计，主要是对类及对象的处理，全面了解基础类的功能，熟练地掌握运用它们，才能使得程序的编写变得方便、快捷。

习题 6

一、选择题

1. 下面的表达式中正确的是(   )。

A. String s="你好"; if (s=="你好") System. out. println(ture)

B. String s="你好"; if (s! ="你好") System. out. println(false)

C. StringBuffer s="你好"; if(s. equals ("你好")) System. out. println(ture)

D. StringBuffer s = new Stringbuffer("你好"); if(s. equals ("你好")) System. out. println(ture)

2. String str; System. out. println(str. length()); 以上语句的处理结果是(   )。

A. 编译报错   B. 运行结果为 null

C. 运行结果为 0   D. 随机值

3. if("Hunan". indexOf('n') = =2) System. out. println("true"); 以上语句运行的结果是(   )。

A. 报错   B. true

C. false   D. 不显示任何内容

4. 执行 String[ ] s=new String[10]; 代码后，下边哪个结论是正确的？(   )

A. s[10]为 ""   B. s[10]为 null

C. s[0]为未定义   D. s. length 为 10

5. 已定义数组：int [ ] arr={5, 2, 9, 7, 5, 6, 7, 1}; 为数组元素排序的正确语句是(   )。

A. Arrays. sort(arr)   B. Arrays arr. sort( )

C. Arrays arr=new Arrays. sort( )   D. arr. sort (arr)

6. 下面关于 Vector 类的说法不正确的是 (   )。

A. 类 Vector 在 java. util 包中

B. 一个向量(Vector)对象中可以存放不同类型的对象

C. 一个向量(Vector)对象大小和数组一样是固定的

D. 可以在一个向量(Vector)对象插入或删除元素

7. 以下哪个语句产生 0~100 之间的随机数(　　　)。

A. Math. random( )

B. new Random( ). nextint( )

C. Math. random(100)

D. new Random( ). nextInt(100)

8. 以下哪个语句获得当前时间? (　　　)

A. System. currentTimeMillis( )

B. System. currentTime( )

B. Runtime. getRuntime( )

D. Runtime. getRuncurrentTime( )

二、问答题

1. 字符与字符串有什么区别?

2. 什么是字符串常量、字符串变量? 字符串与字符串缓冲有什么区别?

3. 数组与向量有什么区别? 数组类有哪些常用方法?

4. 简述实用类库及其包含的类。

5. 与时间和日期有关的类有哪些?

三、编程题

1. 修改例 6.2 程序, 改用对象的方法比较字符串。

2. 统计一篇文档资料中单词的个数(提示: 文档资料可放在字符串中)。

3. 在 Vector 对象中存放 10 位学生的姓名、学号、3 门成绩并输出。

4. 在 Java 程序中调用其他可执行的外部程序并执行之, 并输出程序的运行时间。

第 7 章 图形用户界面

在前边介绍的应用程序中，都是采用字符方式的用户界面。从本章开始，将进行图形用户界面的程序设计。在应用系统中，程序操作界面(用户界面)是用户与计算机系统沟通的桥梁，因此，用户界面的优劣直接关系到使用。

本章主要介绍 Java 中的图形用户界面的相关知识，其中包括容器、组件、布局管理器等内容。

7.1 概述

所谓图形用户界面(Graphics User Interface，简称 GUI)，是指使用图形的方式，以菜单、按钮、标识、图文框等标准界面元素组成的用户操作屏幕。大家最常见、使用最多的是 Windows 系统下的用户操作界面。

在应用系统的开发中，根据需要可能要设计各种各样的用户界面。因此，我们所关心的是开发环境提供了哪些用于构成用户界面的组件元素，这些组件元素的功能及作用是什么，组件元素之间有无关系，如何利用这些组件元素构建用户操作界面。

在 Java 中，将构成图形用户界面的各种组件元素大致分为以下三类：容器、组件和用户自定义成分。

1. 容器(Container)

容器是用户屏幕上的一个特殊的窗口，它用来组织或摆放其他界面元素。一个容器上可以摆放若干个界面元素，这些界面元素本身可能也是一个容器，这些容器上也可摆放其他的界面元素，依此类推就可构成一个复杂的图形界面系统。例如，框架(Frame)容器是 Java 中的标准窗口，在它上边可以摆放窗格(Panel)容器和其他组件，在窗格容器上又可以摆放窗格容器和其他组件等。

容器的引入有利于把复杂的图形用户界面分解为功能相对独立的子部分。在设计用户界面时，如果使用的界面元素较多，就可以按操作需要分类，将它们分别放在不同的容器中，然后以某种规则(嵌套、行列、顺序等)摆放在用户屏幕上。

如上所述，容器是构建用户界面的关键组件，它的主要特点如下：

(1)容器是一个窗口(矩形区域)，作为一个组件对象被摆放在屏幕上，有其位置和大小，在它上边摆放的元素也被限制在这个窗口之内。

(2)容器作为一个对象可以现身或隐身，当容器现身时，它所包含的所有元素也同时显示出来，当容器被隐身时，它所包含的所有元素也一起被隐藏。

(3)容器上的元素可以按一定的规则来排列(布局)。

(4)容器的嵌套性：一个容器可以被嵌套在其他的容器之中。

2. 组件

组件是图形用户界面上最小的界面元素，它被放置在容器上，它里面不能再包含其他的组件。组件的作用是显示或接收信息，完成与用户的一次交互。例如，接收用户的一个命令、显示给用户一段文本或一个图形等。

3. 用户自定义成分

除了标准图形界面元素外，编程人员还可以根据用户的需要设计一些用户自定义的图形界面成分，如绘制一些几何图形、图案等。由于它们不是 Java 的标准界面元素，所以不能像标准界面元素那样被系统识别，它们一般不具有响应用户动作的交互功能，仅能起到装饰、美化用户界面的作用。

7.2　java.awt 类包中的常用容器和组件

在 java.awt(abstract window toolkit)类包中包含了用来设计图形用户界面的容器和组件。该类包是 Java 中一个较大的包，下边只列出设计图形用户界面常用的容器和组件类的层次结构。

```
|--- java.lang.Object
 |......
 |--- java.awt.CardLayout
 |--- java.awt.CheckboxGroup
 |--- java.awt.Color
   |--- java.awt.SystemColor
 |--- java.awt.Component
   |--- java.awt.Button
   |--- java.awt.Canvas
   |--- java.awt.Checkbox
   |--- java.awt.Choice
   |--- java.awt.Container
    |--- java.awt.Panel
    |--- java.awt.ScrollPane
    |--- java.awt.Window
     |--- java.awt.Dialog
      |--- java.awt.FileDialog
     |---java.awt.Frame
   |--- java.awt.Label
   |--- java.awt.List
   |--- java.awt.Scrollbar
   |--- java.awt.TextComponent
    |--- java.awt.TextArea
    |--- java.awt.TextField
 |--- java.awt.FlowLayout
 |--- java.awt.Font
 |--- java.awt.MenuComponent
   |--- java.awt.MenuBar
   |--- java.awt.MenuItem
    |--- java.awt.CheckbozMenuItem
    |--- java.awt.Menu
      |--- java.awt.PopupMenu
 |......
```

下边我们将简要介绍常用的容器和组件。

7.2.1　常用容器

1. Frame 类

Frame 是最常用的容器之一，它是 Window 类的派生类，利用它可以创建一个带有标题栏、可选菜单条、最小化和关闭按钮、有边界的标准窗口。一般把它作为图形用户界面的最外层的容器，它可以包含其他的容器或组件，但其他的容器不能包含它。下边简要介绍它的构造方法和常用的成员方法。

（1）构造方法

常用的构造方法如下：

① Frame( ) 用于建立一个没有标题的窗口。

② Frame(String title) 用于建立一个带 title 标题的窗口。

（2）常用方法

① public Component add(Component c) 将组件 c 添加到容器上。

② public void setTitle(String title) 将窗口的标题设置成 title。

③ public void setLayout(LayoutManager mgr) 设置容器的布局管理器为 mgr。

④ public void setSize(int width, int height) 设置容器的大小，其中 width 和 height 分别表示窗口的宽和高，计算单位为像素。

⑤ public void setBounds(int a, int b, int width, int height) 设置容器在屏幕上的位置和大小；其中(a, b)为容器在屏幕上的起始位置即左上角的坐标，默认是(0, 0)。计算单位为像素。

⑥ public void setResizeable(boolean b) 设置容器是否可调整大小，默认是可调的。

⑦ public void setVisible(boolean b) 设置窗口是否可见，默认是不可见的。

下边我们举例说明 Frame 类的应用。

【例 7.1】 使用 Frame 类的功能，创建标准窗口。参考程序如下：

```
/* 这是一个 Frame 窗口示例程序, 程序名字 FrameExam7_1. prg */
import java. awt. * ;                              //引入 java. awt 包
public class FrameExam7_1 extends Frame{
  public static void main(String args[ ]) {
    FrameExam7_1  frame = new FrameExam7_1( );      //创建对象
    frame. setBounds(100, 100, 250, 100);          //设置窗口的大小和位置
    frame. setTitle("Frame 示例窗口");             //设置窗口的标题
    frame. setVisible(true);                       // 设置窗口是可视的
  }
}
```

本程序类是 Frame 类的派生类，它继承了 Frame 类的所有属性和方法。编译、运行程序，执行结果如图 7.1 所示。

图 7.1　示例 7.1 运行结果

注意：在程序里必须使用 setVisible() 方法或 show() 方法使窗口显示在屏幕上。系统默认的设置是隐藏。

2. Panel 类

Panel(窗格) 是一个较为简单的容器。在它上边可以放置其他的图形用户界面组件，也可放置另一个 Panel，即 Panel 中可以嵌套 Panel。一般使用 Panel 把一些相关操作的组件组织起来，从而构建出操作简单、布局良好的用户界面来。

(1) 构造方法

Panel 的构造方法如下：

① Panel() 创建一个 Panel 对象，并使用默认的布局管理器 FlowLayout 摆放添加到窗格上的组件对象。

② Panel(LayoutManager layout) 创建一个 Panel 对象，并使用 layout 所指定的布局管理器摆放添加到窗格上的组件对象。

(2) 常用方法

① public Component add(Component c) 将组件 c 添加到窗格上。

② public void setLayout(LayoutManager layout) 设置窗格的布局管理器为 layout。

③ public void setVisible(boolean b) 设置窗格是否可见，默认是可见的。

Panel 类本身并没有提供几个方法，但它继承了 Container 和 Component 类的所有可用的方法。限于篇幅，在介绍类时，只介绍主要和常用的属性和方法。在程序中若用到了其他的方法，会做简单的注释，至于细节问题，需要时请查阅相关的 JDK 文档。

下面给出一个使用 Panel 类的示例。

【例 7.2】修改例 7.1，在 Frame 窗口上，添加 Panel 窗格，在 Panel 窗格里面再添加另一个 Panel 窗格。参考程序如下：

```
/* 这是一个 Frame 窗口及 Panel 窗格的示例程序，程序名字 PanelExam7_1.prg */
import java.awt.*;              //引入 java.awt 包
public class PanelExam7_2 extends Frame{
    public static void main(String args[]) {
        PanelExam7_2 frame = new PanelExam7_2();
        frame.setBounds(100, 100, 250, 100);    //设置窗口的大小和位置
        frame.setTitle("Frame 示例窗口");         //设置窗口的标题
        Panel p1 = new Panel();                  //创建窗格对象 p1
        p1.setBackground(Color.blue);            //设置 p1 对象的背景颜色为蓝色
        p1.setSize(200, 80);                     //设置 p1 对象的大小
        Panel p2 = new Panel();                  //创建窗格对象 p2
        p2.setBackground(Color.red);             //设置 p2 的背景颜色为红色
        p2.setSize(140, 60);                     //设置 p2 对象的大小
        frame.setLayout(null);                   //设置框架窗口的布局为 null 空布局
        frame.add(p1);                           //将窗格对象 p1 添加到框架窗口上
        p1.setLayout(null);                      //设置窗格对象 p1 的布局为 null 空布局
        p1.add(p2);                              //将窗格对象 p2 添加到窗格 p1 上
```

　　　　frame. setVisible(true) ;　　　　　　　　//设置窗口是可见的
　　　}
　　}
　　编译运行程序,所获得的界面如图 7.2 所示。

图 7.2　示例 7.2 运行结果

7.2.1　常用组件

　　组件是创建图形用户界面最主要的元素,常用的组件有 Label(标签)、TextField(单行文本框)、TextArea(多行文本框)、Button(按钮)、Checkbox(复选框)、CheckboxGroup(单选框)、List(列表框)、Choice(下拉列表)等。下边简要介绍它们的功能及应用。

　　1. Label(标签)

　　标签是一种只能显示文本的组件,不能被编辑。一般用作标识或提示信息。

　　(1)构造方法

　　创建标签的构造方法如下:

　　① Label( ) 创建一个空的标签。

　　② Label (String text) 创建一个标识内容为 text 的标签,text 的内容左对齐显示。

　　③ Label (String text, int alignment) 创建一个标识内容为 text 的标签,text 内容的显示对齐方式由 alignment 指定,alignment 可以取类常数值。

　　(2)类常数

　　用于对齐方式的类常数如下:

　　① LEFT 常数值为 0,表示左对齐。

　　② RIGHT 常数值为 2,表示右对齐。

　　③ CENTER 常数值为 1,表示居中对齐。

　　(3)常用方法

　　① public String getText( ) 获得标签的标识内容。

　　② public void setText(String text) 设置标签的标识内容为 text。

　　③ public void setVisible(boolean b) 设置标签是否可见。若 b 的值为 true,则标签是可见的,否则被隐藏。系统默认的设置是 true。

　　2. TextField(单行文本框)

　　单行文本框是最常用的一个组件,它可以接收用户从键盘输入的信息。

　　(1)构造方法

　　创建 TextField 对象的构造方法如下:

① TextField( ) 创建一个空的、系统默认宽度的文本框。

② TextField(int columns) 创建一个空的并由 columns 指定宽度的文本框。

③ TextField(String text) 创建一个具有 text 字符串内容的文本框。

④ TextField(String text，int columns) 创建一个具有 text 字符串内容且宽度为 columns 的文本框。

(2)常用方法

① public String getText( ) 获取文本框的内容。

② public void setText(String text) 将 text 字符串设置为文本框的内容。

③ public setEchoChar(char c) 设置密码输入方式，即当用户在文本框中输入字符时，不论输入任何字符，均显示字符 c。

④ public void setEditable(boolean b) 设置文本框的内容是否为可编辑的，若 b 的值为 true，则表示可编辑，否则为不可编辑。

⑤ public void setVisible(boolean b) 设置文本框是否可见。若 b 的值为 true，则文本框是可见的，否则被隐藏。系统默认的设置是 true。

下面给出一个示例说明组件的应用。

【例 7.3】创建一个用户登录界面，如图 7.3 所示。参考程序如下：

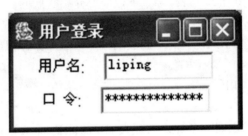

图 7.3　用户登录界面

```
/*这是一个用户登录界面示例
 *程序名字：LoginExam7_3.java
 */
import java. awt. * ;
public class LoginExam7_3 extends Frame{      //这是一个 Frame 类的派生类
    Label l1，l2;                              //声明两个标签变量
    TextField user，password;                  //声明两个文本框变量
    Panel p1;                                  //声明一个窗格变量
    public LoginExam7_3( ) {
        l1 = new Label("用户名：");            //创建标签对象
        l2 = new Label("口　令：");            //创建标签对象
        user = new TextField(10);              //创建文本框对象
        password = new TextField(10);          //创建文本框对象
        password. setEchoChar(' * ');          //设置文本框对象的输入方式是密码输入
```

```
    p1 = new Panel( );                        //创建窗格对象
    p1. add(l1);                              //将对象 l1 加到窗格上
    p1. add(user);                            //将对象 user 加到窗格上
    p1. add(l2);                              //将对象 l2 加到窗格上
    p1. add( password);                       //将对象 password 加到窗格上
    this. setTitle("用户登录");                //设置框架窗口标题
    this. add( p1);                           //将窗格对象 p1 加到框架窗口上
    this. setBounds(100, 100, 200, 100);      //设置框架窗口的显示位置及大小
    this. setVisible( true);                  //设置框架窗口是可见的
  }
  public static void main( String args[ ] ) {
    new LoginExam7_3( );                      //创建对象显示用户登录界面
  }
}
```

3. TextArea(多行文本框)

多行文本框呈现一个多行的矩形区域,用于编辑处理多行文本。

(1)构造方法

构造多行文本框对象的方法如下:

① TextArea( ) 创建一个空的多行文本框。

② TextArea(int rows, int columns) 创建一个具有 rows 行 columns 列的空文本框。

③ TextArea (String text) 创建一个具有 text 字符串内容的文本框。

④ TextArea (String text, int rows, int columns) 创建一个具有 rows 行 columns 列且具有 text 字符串内容的文本框。

⑤ TextArea (String text, int rows, int columns, int scrollbars) 创建一个具有 rows 行 columns 列且具有 text 字符串内容的文本框,由 scrollbars 确定显现横、竖滚动条的方式,它可以取类常数的值。

注意:创建 TextArea 对象时,系统的默认方式是带有滚动条的。

(2)类常数

类常数用来确定滚动方式,类常数说明如下:

① SCROLLBARS_BOTH 其值为 0,表示显示横、竖向滚动条。

② SCROLLBARS_HORIZONTAL_ONLY 其值为 2,表示只显示横向滚动条。

③ SCROLLBARS_VERTICAL_ONLY 其值为 1,表示只显示竖向滚动条。

④ SCROLLBARS_NONE 其值为 3,表示不显示滚动条。

(3)常用方法

① public void setText(String s) 将字符串 s 设置为文本框的内容,替换掉原有内容。

② public String getText( ) 获取文本框中的内容。

③ public void setEditable(boolean b) 设置文本框中的内容是否可以编辑,若 b 的值为 true,则表示可以编辑;否则为不可编辑。系统默认为可编辑的。

④ public void insert (String str, int pos) 将字符串 str 插入到文本框中由 pos 指定的位

置处。

⑤ public void append(String s) 将字符串 s 追加到文本框中现有内容的后面。

⑥ public void replaceRange(String str, int start, int end) 以字符串 str 替换掉文本内容中从 start 到 end 位置之间的字符。

下边看一个示例简要说明组件的用法。

【例7.4】 创建如图7.4所示的用户编辑界面。

图7.4 示例7.4 文本编辑界面

参考程序如下:

```java
/* 这是一个编辑文本的界面示例
 * 程序名字: TextAreaExam7_4. java
 */
import java. awt. * ;
public class TextAreaExam7_4 extends Frame{              //这是一个 Frame 类的派生类
  TextArea t1;
  public TextAreaExam7_4( ){
    setTitle("编辑文本示例:");                            //设置框架窗口标题
    t1 = new TextArea("可以在该框中编辑多行文本:", 10, 5);//创建文本域对象
    add(t1);                                            //将对象 t1 加到框架窗口上
    setBounds(100, 100, 400, 300);                      //设置框架窗口的显示位置及大小 */
    this. setVisible(true);                             //设置框架窗口是可见的
  }
  public static void main(String args[ ]){
    new TextAreaExam7_4( );                             //创建对象显示用户登录界面
  }
}
```

4. Checkbox(复选框)

复选框是一种可以多选的选择框。当有多个选项供用户选择时,可使用该组件类。它在外观上显示为一小方框☑(选中)或☒(未选中)。

若只是允许用户单选,即只能选择其中的一项时,则可以将多个 Checkbox 对象放在同一个 CheckboxGroup 组件组中,其在外观上显示为一小圆圈⊙(选中)或○(未选中)。

(1)构造方法

① Checkbox( ) 创建一个无标识的复选框对象。

② Checkbox(String label) 创建一个以字符串 label 为标识的复选框对象。

③ Checkbox(String label, boolean state) 创建一个以字符串 label 为标识的复选框对象。若 state 为 true, 则初始状态为选中；否则未选中。

④ Checkbox(String label, boolean state, CheckboxGroup group) 创建一个复选框对象并将它放入 CheckboxGroup 类对象 group 中。

注意：CheckboxGroup 不是可视组件, 我们看不见, 它用来将 Checkbox 组件组合在一起, 实现单选操作。

（2）常用方法

① public String getLabel( ) 获得对象标识。

② public boolean getState( ) 获得对象选中或未选中状态。

③ public CheckboxGroup getCheckboxGroup( ) 获得对象所属的组。

④ public void setLabel(String label) 设置对象的标识。

⑤ public void setState(boolean state) 设置对象的状态。

⑥ public void setCheckboxGroup(CheckboxGroup g) 将对象加入 g 组中。

下面给出示例说明组件的用法。

【例 7.5】创建如图 7.5 所示的学生选课用户界面。

我们先分析一下该用户界面, 它由三部分组成：第一部分为标识, 可以采用标签框实现；第二部分为复选项, 可以将它们放入一个窗格中摆放；第三部分为单选项, 也可把它们摆放到一个窗格中。参考程序如下：

```
/* 这是一个使用 Checkbox 组件的示例
 * 程序名为：CheckboxExam7_5. prg
 */
import java. awt. * ;
public class CheckboxExam7_5 extends Frame {
    String [ ] option1 = {"高数I", "高数II", "大学物理", "线形代数", "英语", "俄语"};
    String [ ] option2 = {"毛泽东思想概论", "邓小平理论", "中国革命史"};
    Label l1 = new Label("请根据需要选择如下课程：");
    Checkbox [ ] op1, op2;                        //定义两个组件数组
    CheckboxGroup group = new CheckboxGroup( );   //定义存放单选组件的对象
    Panel p1 = new Panel( );                      //定义窗格对象 p1
    Panel p2 = new Panel( );                      //定义窗格对象 p2
    public CheckboxExam7_5( ){                    //构造方法
        op1 = new Checkbox[option1. length];      //定义组件数组的大小
        for(int i=0; i<option1. length; i++) op1[i] = new Checkbox(option1[i]);
        op2 = new Checkbox[option2. length];      //定义组件数组的大小
        for(int i=0; i<option2. length; i++)
        op2[i] = new Checkbox(option2[i], false, group); //生成单选对象
        for(int i=0; i<op1. length; i++) p1. add(op1[i]); //将复选组件摆放到 p1 窗格上
        for(int i=0; i<op2. length; i++) p2. add(op2[i]); //将单选组件摆放到 p2 窗格上
        setTitle("Checkbox 组件应用示例");
```

```
        setSize(400, 200);
        setLayout(new FlowLayout());    //设置组件在框架窗口上的摆放布局为流布局
        add(l1);                        //将标签摆放到框架窗口上
        add(p1);                        //将窗格 p1 摆放到框架窗口上
        add(p2);                        //将窗格 p2 摆放到框架窗口上
        setVisible(true);               //设置框架窗口是可见的
    }
    public static void main(String args[]) {
        new CheckboxExam7_5();
    }
}
```

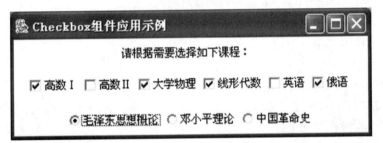

图 7.5　示例 7.5 选课界面

5. Choice(选择菜单)

Choice 类可用来构建一个弹出式选择项菜单。

(1)构造方法

Choice() 构建一个弹出式选择项菜单对象。

(2)常用方法

① public void add(String item) 在菜单中添加一项(item)。

② public void insert(String item, int index) 在菜单中 index 所指位置处插入 item 项。index 为 0 时,表示菜单中的第一项位置;为 1 时,表示第二项位置;依此类推。

③ public void remove(String item) 在菜单中移去 item 项。

④ public String getItem(int index) 获得 index 指定位置的项。

⑤ public int getItemCount() 获得菜单中的项目总数。

⑥ public int getSelectedIndex() 获取当前选中项的位置数。

⑦ public String getSelectedItem() 获取当前选中的项。

⑧ public void removeAll() 移去菜单中所有的选项。

6. List(列表)

列表也称为滚动列表,与选择菜单相同的是 List 类也可用来创建一个用户的选项列表;不同的是选择菜单只可单选,而列表既可单选也可多选。当加入表中的选项超过组件所能显示的范围时,系统会自动添加滚动条,用户可以滚动查看并选择。

（1）构造方法

构造 List 对象的方法如下：

① List( ) 创建一个只可单选的列表对象。系统默认在列表框内显示 4 个选项，要查看其他的选项，可拖拉滚动条。

② List(int row) 创建一个只可单选的列表对象。row 指定列表框内可见的选项数目。

③ List(int row, boolean mulipleMode) 创建一个列表框内可显示 row 项的列表对象。若 mulipleMode 的值为 true 时，可以在表中选择多项，否则只能选择一项。

（2）常用方法

① public void add(String item) 在列表的最后添加一项(item)。

② public void add(String item, int index) 在表中 index 指定的位置添加 item 项。index 的值为 0 时，表示第一个位置。

③ public String getItem(int index) 获取表中由 index 指定的选项。

④ public int getItemCount( ) 获取表中项目的总数。

⑤ public String[ ] getItems( ) 将表中所有的选项存放到一个字符串数组中。

⑥ public int getSelectedIndex( ) 获取当前选中项的位置。如果没有选中项或选中项多于一个，则返回-1。

⑦ public int[ ] getSelectedIndex( ) 将所有选中项的位置放到一个整数数组里。

⑧ public String getSelectedItem( ) 获取当前的选中项。如果没有选中项或选中项多于一个，则返回 null。

⑨ public String[ ] getSelectedItems( ) 将所有选中项放到一个字符串数组里。

⑩ public boolean isIndexSelected(int index) 查看 index 指定位置的项是否被选中。

⑪ public boolean isMultipleMode( ) 查看该列表对象是否允许多选。

⑫ public void setMultipleMode(boolean b) 设置列表对象的选择方式。如果 b 的值为 true，则可以多选；否则只能单选。

下面给出一个示例说明组件的用法。

【例7.6】修改例7.5，以 List 组件完成多选课程功能，以 Choice 组件完成单选课程功能。用户界面如图 7.6 所示。

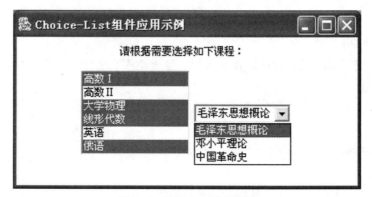

图 7.6　示例 7.6 用户界面

参考程序如下：

```
/* 这是一个使用 Choice，List 组件的示例
 * 程序名为：Choice_ListExam7_6. prg
 */
import java. awt. * ;
public class Choice_ListExam7_6 extends Frame {
    String [ ] option1 = {"高数Ⅰ","高数Ⅱ","大学物理","线形代数","英语","俄
    语"};
    String [ ] option2 = {"毛泽东思想概论","邓小平理论","中国革命史"};
    Label lab1 = new Label("请根据需要选择如下课程：");
    Choice c1 = new Choice( );
    List list = new List(6, true);
    Panel p1 = new Panel( );          //定义窗格对象 p1
    public Choice_ListExam7_6( ) {                            //构造方法
        for( int i = 0; i<option1. length; i++) list. add( option1[ i]);  //将选项加入表中
        for( int i = 0; i<option2. length; i++) c1. add( option2[ i]);  //将选项加入菜单中
        p1. add( list);                    //将列表对象摆放到窗格上
        p1. add( c1);                      //将选择菜单对象摆放到窗格上
        setTitle("Choice-List 组件应用示例");
        setSize(400, 200);
        setLayout( new FlowLayout( ));    //设置组件在框架窗口上的摆放布局为流布局
        add( lab1);                        //将标签摆放到框架窗口上
        add( p1);                          //将窗格 p1 摆放到框架窗口上
        setVisible( true);                 //设置框架窗口是可见的
    }
    public static void main( String args[ ]) {
        new Choice_ListExam7_6( );
    }
}
```

7. Button(按钮)

Button 是构建用户界面最常用的普通组件。经常使用它去完成一系列的行为操作。

(1)构造方法

构建 Button 按钮对象的方法如下：

① Button( ) 构造一个无标识的按钮对象。

② Button(String label) 构造一个以 label 为标识的按钮对象。

(2)常用方法

① public void setLabel(String label) 设置对象标识。

② public String getLabel( ) 获得对象标识。

③ public void addActionListener(ActionListener listen) 以 listen 注册按钮的监听者对象。

下面给出示例说明组件在界面上的用法。

【例 7.7】修改例 7.3 的用户登录界面，修改后的用户界面如图 7.7 所示。

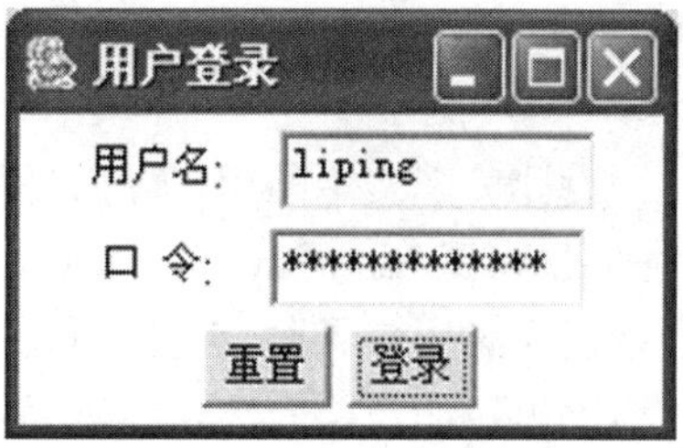

参考程序代码如下：

图 7.7　示例 7.7 用户界面

```java
/* 这是一个用户登录界面示例
 * 程序名字：LoginExam7_7. java
 */
import java. awt. * ;
public class LoginExam7_7 extends Frame{      //这是一个 Frame 类的派生类
    Label l1 , l2 ;                            //声明两个标签变量
    TextField user, password;                  //声明两个文本框变量
    Button b1, b2;                             //声明两个按钮变量
    Panel p1 ;                                 //声明窗格变量
    public LoginExam7_7( ){
        l1 = new Label("用户名：");            //创建标签对象
        l2 = new Label("口　令：");            //创建标签对象
        user = new TextField(10) ;             //创建文本框对象
        password = new TextField(10) ;         //创建文本框对象
        password. setEchoChar(' * ') ;         //设置文本框对象的输入方式是密码输入
        b1 = new Button("重置") ;              //创建按钮对象 b1
        b2 = new Button("登录") ;              //创建按钮对象 b2
        p1 = new Panel( ) ;                    //创建窗格对象 p1
        p1. add(l1) ;                          //将对象 l1 加到 p1 窗格上
        p1. add(user) ;                        //将对象 user 加到 p1 窗格上
        p1. add(l2) ;                          //将对象 l2 加到 p1 窗格上
        p1. add(password) ;                    //将对象 password 加到 p1 窗格上
        p1. add(b1) ;                          //将对象 b1 加到 p1 窗格上
        p1. add(b2) ;                          //将对象 b2 加到 p1 窗格上
        this. setTitle("用户登录") ;           //设置框架窗口标题
        this. add(p1) ;                        //将窗格对象 p1 加到框架窗口上
        this. setBounds(100, 100, 200, 150) ;  //设置框架窗口的显示位置及大小
        this. setVisible(true) ;               //设置框架窗口是可见的
    }
    public static void main(String args[ ]){
        new LoginExam7_7( );                   //创建对象显示用户登录界面
    }
}
```

7.2.2　布局管理器

设计美观实用的用户界面是我们最终的目标。在 Java 中，提供了 5 种布局管理器组件：BorderLayout、CardLayout、FlowLayout、GridLayout 和 GridBagLayout。通过使用这些布局管理器来实现对用户界面上的界面元素进行布局控制。

下边我们简要介绍这些布局管理器的功能及应用。

1. BorderLayout 布局管理器

BorderLayout 布局管理器是一种简单的布局管理器，它将容器划分为东、西、南、北、中 5 个区域。当容器使用该布局时，每次添加组件都要指明把它放在哪个区域。它是 Frame 容器默认的布局管理器。

（1）构造方法

① BorderLayout( ) 创建一个 BorderLayout 布局管理器。

② BorderLayout(int hgap, int vgap) 创建一个 BorderLayout 布局管理器，hgap 和 vgap 分别指定组件之间的水平和垂直距离。

（2）类常数

以下类常数用于指定组件在容器中的摆放位置。

① EAST 其值为"East"，摆放在右边（东）。

② WEST 其值为"West"，摆放在左边（西）。

③ SOUTH 其值为"South"，摆放在底部（南）。

④ NORTH 其值为"North"，摆放在顶部（北）。

⑤ CENTER 其值为"Center"，摆放在中部。

（3）常用方法

① public int getHgap( ) 获得组件之间的水平距离。

② public void setHgap(int hgap) 设置组件之间的水平距离为 hgap。

③ public int getVgap( ) 获得组件之间的垂直距离。

④ public void setVgap(int vgap) 设置组件之间的垂直距离为 vgap。

下面给出一个使用 BorderLayout 布局管理器的示例。

【例 7.8】设计如图 7.8 所示的用户界面。

程序参考代码如下：

```
/＊这是一个 BorderLayout 布局程序，只是说明该布局的用法
 ＊程序的名字：BorderLayoutExam7_8.java
 ＊/
import java.awt. ＊ ;
public class BorderLayoutExam7_8 extends Frame{
    Button b1＝new Button( "东" ) ;
    Button b2＝new Button( "西" ) ;
    Button b3＝new Button( "南" ) ;
    Button b4＝new Button( "北" ) ;
    Button b5＝new Button( "中" ) ;
```

```
public BorderLayoutExam7_8() {
    setTitle("BorderLayout 布局示例");
    setSize(300, 100);
    add("East", b1);     //将按钮添加到窗口中
    add("West", b2);     // ……
    add("South", b3);    // ……
    add("North", b4);    // ……
    add("Center", b5);   // ……
    setVisible(true);
}
    public static void main(String args[]) {
        new BorderLayoutExam7_8();
    }
}
```

图 7.8　例 7.8 用户界面

2. CardLayout 布局管理器

CardLayout 布局管理器是将加入到容器中的各个组件作为卡片而摆放到一个"卡片盒"中。只能看到最上面的卡片(组件),它占据容器的整个空间。要想查看其他的卡片,只有将它从盒中移到上面来。

(1)构造方法

① CardLayout() 创建一个 CardLayout 对象。

② CardLayout(int hgap, int vgap) 创建一个 CardLayout 对象,组件与容器的上下边间距和左右边间距分别为 vgap 和 hgap。

(2)常用方法

① public void first(Container container) 显示容器 container 中的第一个对象。

② public void last(Container container) 显示容器 container 中的最后一个对象。

③ public void next(Container container) 显示容器 container 中的下一个对象。

④ public void previous(Container container) 显示容器 container 中的前一个对象。

CardLayout 布局管理器一般用于翻扑克牌、查看图片等方面。我们将在后边的章节举例说明其用法。

3. FlowLayout 布局管理器

FlowLayout 是最基本的布局管理器,它是 Panel、Applet 等容器默认的布局管理器,也称

为流布局。添加到容器上的各个组件按照它们被添加的顺序从左到右依次排列，一行摆满后，就自动转到下一行继续摆放。

（1）构造方法

① FlowLayout( ) 创建一个流布局对象。系统默认组件以居中方式对齐，且组件之间的横向与竖向间距为5。

② FlowLayout(int align) 创建一个流布局对象。align 指定组件的对齐方式，组件之间的横向与竖向间距为5。

③ FlowLayout(int align, int hgap, int vgap) 创建一个流布局对象。align 指定组件的对齐方式。组件之间横向与竖向间距分别由 hgap 和 vgap 指定。

注意：对齐方式 align 可以取类常数值。

（2）类常数

用于对齐方式的常数如下：

① LEFT 其值为0，表示每行组件都是左对齐。

② CENTER 其值为1，表示每行组件都是居中对齐。

③ RIGHT 其值为2，表示每行组件都是右对齐。

④ LEADING 其值为3，表示每行组件都与容器方向的开始边对齐。

⑤ TRAILING 其值为4，表示每行组件都与容器方向的结束边对齐。

（3）常用方法

① public int getAlignment( ) 获得组件的对齐方式。

② public void setAlignment(int align) 设置组件的对齐方式。

在前边的例子中，我们已经使用过 FlowLayout 布局。应该注意的是，使用该布局的组件，不因容器大小的改变而改变，即组件的大小是不变的。

4. GridLayout 布局管理器

GridLayout 布局管理器将容器划分成 m 行 n 列的网格，添加到容器中的组件按行列顺序被依次放置到每个网格中。网格的大小是一样的，因此，被放在网格中组件的大小也是一样的。

（1）构造方法

① GridLayout( ) 创建一个网格布局对象。所有的组件都被放在一行上且组件之间无间距。

② GridLayout(int rows, int cols) 创建具有 rows 行 cols 列的网格布局对象。其中 rows 和 cols 中可以有一个为零(但不能两者同时为零)，这表示可以将任何数目的组件对象置于行或列中。

③ GridLayout(int rows, int cols, int hgap, int vgap) 和第二个构造方法类似，但添加了组件之间的横向间距 hgap 和竖向间距 vgap。

（2）常用方法

① public int getColumns( ) 获得布局的列数。

② public int getRows( ) 获得布局的行数。

③ public void setColumns(int cols) 设置布局列数为 cols。

④ public void setRows(int rows) 设置布局行数为 rows。

下面给出一个使用 GridLayout 布局管理器的示例。

【例 7.9】创建如图 7.9 所示的学生信息登记界面。

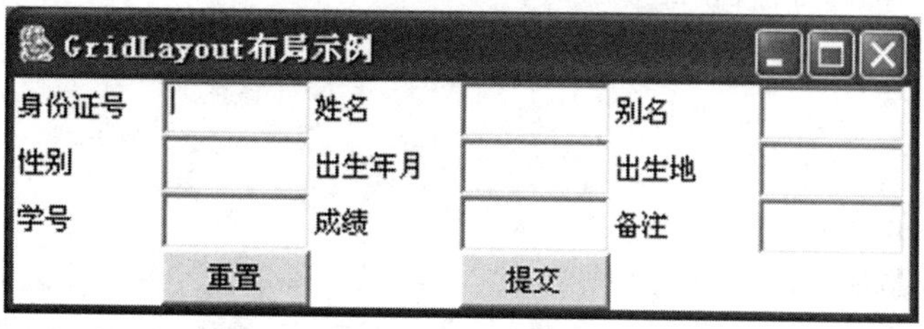

图 7.9 示例 7.9 学生信息登记界面

可以看出每行摆放六个组件,每个组件所占空间的大小是一样的。程序参考代码如下:

```
/*这是一个 GridLayout 布局程序
 *程序的名字: GridLayoutExam7_9. java
 */
import java. awt. *;
public class GridLayoutExam7_9 extends Frame{
   String [] mark={"身份证号","姓名","别名","性别","出生年月","出生地","
   学号","成绩","备注"};
   Label [] lab;                        //声明标签数组显示标识
   TextField [] text;                   //声明文本框数组输入各项信息
   Button bt1, bt2;                     //声明两个按钮
   public GridLayoutExam7_9() {
    setTitle("GridLayout 布局示例");
    setLayout(new GridLayout(0, 6));    //设置网格布局,每行6列,行数不定
    setSize(400, 150);                  //设置容器的大小
    lab=new Label[mark. length];        //定义标签数组的大小
    text=new TextField[mark. length];   //定义文本框数组的大小
    for(int i=0; i<mark. length; i++){
      lab[i]=new Label(mark[i]);   //创建每个标签对象
      text[i]=new TextField();     //创建每个文本框对象
      add(lab[i]);                 //将每个标签加入容器
      add(text[i]);                //将每个文本框加入容器
    }
    bt1=new Button("重置");        //创建按钮对象 bt1
    bt2=new Button("提交");        //创建按钮对象 bt2
    add(new Label());             //为了按钮的摆放位置,添加一个空标签
    add(bt1);                     //将按钮 bt1 加入容器
    add(new Label());             // 添加一个空标签
    add(bt2);                     //将按钮 bt2 加入容器
```

```
    setVisible( true) ;
    }
    public static void main( String args[ ] ) {
        new GridLayoutExam7_9( );
    }
}
```

5. GridBagLayout 布局管理器

GridBagLayout 是最灵活的布局管理器，它不要求组件的大小相同即可将组件竖向和横向对齐。每个由 GridBagLayout 管理的组件都与 GridBagConstraints 的实例相关联。它利用 GridBagConstraints 对象的功能来设置每个组件的大小和位置，因此，可以使组件的布局更加自由。下边简要介绍一下与该布局相关的常用的内容。

（1）创建 GridBagLayout 布局对象

创建一个 GridBagLayout 布局对象的构造方法如下：

GridBagLayout( )

（2）GridBagConstraints 类的构造方法

① GridBagConstraints( ) 创建一个 GridBagConstraints 对象。

② public GridBagConstraints (int gridx, int gridy, int gridwidth, int gridheight, double weightx, double weighty, int anchor, int fill, Insets insets, int ipadx, int ipady) 创建一个 GridBagConstraints 对象。其中：

gridx, gridy 为放置组件的网格的行列坐标，容器中第一个网格的坐标为 0, 0。

gridwidth, gridheight 为组件所占的列数、行数。

weightx, weighty 为组件分配竖向、横向的额外空间，它们将随容器的改变而改变。

anchor 当组件小于其显示区域时，使用它可以确定组件在显示区域中的位置。默认为居中。

fill 当组件大于它所请求的显示区域时，使用它可以确定是否调整组件大小及如何调整。默认为不调整。

insets 指定组件的外部填充，即使组件与其显示区域边缘之间的间距达到最小量。默认值为 new Insets(0, 0, 0, 0)。

ipadx, ipady 指定组件的内部填充，即给组件的最小宽度及高度添加多大的空间。单位为像素。默认值为 0, 0。

（3）GridBagConstraints 类常数

常用的类常数如下：

① BOTH 其值为 1，在横向和竖向上同时调整组件大小。

② CENTER 其值为 10，将组件置于其显示区域的中部。

③ EAST 其值为 13，将组件置于其显示区域的右部，并且在垂直方向上居中。

④ HORIZONTAL 其值为 2，在横向上调整组件大小。

⑤ NONE 其值为 0，不重新调整组件大小。

⑥ NORTH 其值为 11，将组件置于其显示区域的顶部，并且在横向上居中。

⑦ NORTHEAST 其值为 12，将组件置于其显示区域的右上角。

⑧ NORTHWEST 其值为 18, 将组件置于其显示区域的左上角。

⑨ RELATIVE 其值为-1, 指定组件为其行或列中的倒数第二个组件, 或者紧跟在以前添加的组件之后。

⑩ REMAINDER 其值为 0, 指定组件是其行或列中的最后一个组件。

⑪ SOUTH 其值为 15, 将组件置于其显示区域的底部, 并且在横向上居中。

⑫ SOUTHEAST 其值为 14, 将组件置于其显示区域的右下角。

⑬ SOUTHWEST 其值为 16, 将组件置于其显示区域的左下角。

⑭ VERTICAL 其值为 3, 在竖向上调整组件大小。

⑮ WEST 其值为 17, 将组件置于其显示区域的左部, 并且在竖向上居中。

下面给一个使用 GridBagLayout 布局管理器的示例。

【例 7.10】修改例 7.9 的用户界面, 构造如图 7.10 所示的图形用户界面。

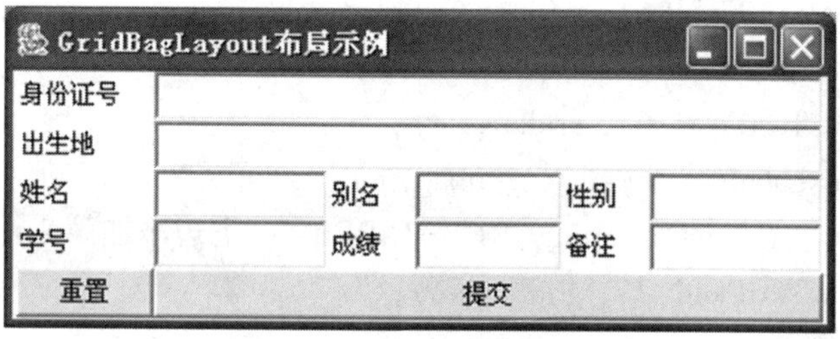

图 7.10 例 7.10 用户界面

程序参考代码如下:

```
/*这是一个 GridBagLayout 布局程序
 *程序的名字: GridBagLayoutExam7_10. java
 */
import java. awt. * ;
public class GridBagLayoutExam7_10 extends Frame{
    String [] mark={"身份证号","出生地","姓名","别名","性别","学号","成
        绩","备注"};
    Button bt1, bt2;    //声明两个按钮
    protected void makeObj( Component name, GridBagLayout gridbag, GridBagConstraints c)
    //添加组件方法
    {
        gridbag. setConstraints( name, c);
        add( name);
    }  //方法结束
    public GridBagLayoutExam7_10( ){   //构造方法
        setTitle("GridBagLayout 布局示例");
        GridBagLayout gridbag = new GridBagLayout( );
        GridBagConstraints c = new GridBagConstraints( );
        setLayout( gridbag);
```

```
      c. fill = GridBagConstraints. BOTH;
      makeObj( new Label( mark[0]), gridbag, c);
      c. gridwidth = GridBagConstraints. REMAINDER; //下边添加本行最后一组件
      makeObj( new TextField(20), gridbag, c);
      c. gridwidth = 1;
      makeObj( new Label( mark[1]), gridbag, c);
      c. gridwidth = GridBagConstraints. REMAINDER; //下边添加第2行最后一组件
      makeObj( new TextField(20), gridbag, c);
      c. weightx = 1. 0;
      c. gridwidth = 1;
      makeObj( new Label( mark[2]), gridbag, c);
      makeObj( new TextField(6), gridbag, c);
      makeObj( new Label( mark[3]), gridbag, c);
      makeObj( new TextField(6), gridbag, c);
      makeObj( new Label( mark[4]), gridbag, c);
      c. gridwidth = GridBagConstraints. REMAINDER; //下边添加第3行最后一组件
      makeObj( new TextField(2), gridbag, c);
      c. weightx = 0. 0;
      c. gridwidth = 1;
      makeObj( new Label( mark[5]), gridbag, c);
      makeObj( new TextField(8), gridbag, c);
      makeObj( new Label( mark[6]), gridbag, c);
      makeObj( new TextField(3), gridbag, c);
      makeObj( new Label( mark[7]), gridbag, c);
      c. gridwidth = GridBagConstraints. REMAINDER; //下边添加第4行最后一组件
      makeObj( new TextField(8), gridbag, c);
      bt1 = new Button("重置"); //创建按钮对象 bt1
      bt2 = new Button("提交"); //创建按钮对象 bt2
      c. gridwidth = 1;                        //reset to the default
      makeObj( bt1, gridbag, c);
      c. gridwidth = GridBagConstraints. REMAINDER; //下边添加第5行最后一组件
      makeObj( bt2, gridbag, c);
      setSize(400, 150);
      this. setVisible(true);
    }
    public static void main( String args[]) {
       new GridBagLayoutExam7_10();
    }
  }
```

7.3　javax. swing 类包中的常用容器和组件

上面我们介绍了 java. awt 包中常用的组件以及如何使用这些组件布局界面。它是 Java 中较早的类库，主要是针对当时互联网中浏览器中运行的程序。包中的组件的功能较弱，构成的程序界面简单，难以更改组件的外观，更不能在某些常用组件上实现图标，对版面布局上的限制也多，使用起来不太方便。

在 Java2 中，Sun 公司重新开发了 Java 的基础类库，并以 swing 命名，意思是使用 swing 包中的组件设计图形用户界面就像"跳摇摆舞"一样，使用起来轻松，看起来优美，它们支持 L&F(Look and Feel)，可以对组件外观进行动态设置。swing 并不是简单的对 awt 组件的升级，而是对原来大部分的代码(C 语言)用 Java 语言进行了重写，并增添了新的内容，使得 GUI 组件的定义更加合理。

需要说明的是，在实际应用中，我们通常使用 swing 组件，这并不等于要完全抛弃 awt 组件，如布局管理器等一些组件还是经常要用的。

下边再简单讨论 swing 组件的应用。之所以简单讨论，是因为有很多 swing 组件在 awt 中对应存在，其使用方法也很相似。为了减少记忆量，swing 中的组件绝大部分类都是以"J"开头的，如 JButton、JFrame、JWindow、JApplet、JDialog 等。有关 swing 类的层次结构和 awt 相似，不再列出，需要时可参考相关的 JDK 文档。

7.3.1　swing 常用容器类

在下面，我们简要介绍一下 JFrame 和 JScrollPane 容器，JPanel 容器和前边介绍的 Panel 容器在使用上区别不大，不再介绍，要了解其详细信息，可参阅相关的 JDK 文档。

1. JFrame 类

JFrame 类其实是 Frame 的派生类，它是一个顶级的窗口屏幕。JFrame 类与 Frame 轻微不兼容。与其他所有 JFC/Swing 顶层容器一样，JFrame 有一个 JRootPane 作为其唯一的子容器。根据规定，该根窗格所提供的内容窗格应该包含 JFrame 所显示的所有非菜单组件。这不同于 AWT Frame。

(1)JFrame 构造器

JFrame 构造器与 Frame 类似，不再列出。

(2)常用类常数

EXIT_ON_CLOSE 其值为 3，关闭框架窗口，退出程序。

(3)常用方法

① public void setDefaultCloseOperation(int operation) 设置关闭框架窗口的操作方式，operation 可以取类常数值。

② public int getDefaultCloseOperation() 获取关闭框架窗口的操作方式。

③ public Container getContentPane() 获得当前的容器对象。

④ public void setContentPane(Container contentPane) 设置放置组件的容器对象。

需要强调的是 JFrame 与 Frame 不同，在向框架窗口上放置组件时，必须首先取得 Container(容器)对象，然后使用 Container 对象的 add 方法添加组件。下边我们看一下在

Frame 和 JFeame 两种框架窗口上添加组件方式的差别：

　　a. 在 Frame 框架窗口上添加组件

Frame frame ＝ new Fame( )；

frame. add(componentobj)；

　　b. 在 JFeame 框架窗口上添加组件

JFrame frame ＝ new JFrame( )；

Container contentPane＝frame. getContentPane( )；

contentPane. add(componentobj)；

2. JScrollPane 类

JScrollPane 用来建立可滚动的框格窗口，当窗口中要处理的内容超出窗口时，窗口上会出现垂直或水平滚动条，如在一个小窗口中浏览整个网页的内容等，非常实用。

（1）构造方法

构造一个滚动框格对象的方法如下：

① JScrollPane( )

② JScrollPane(Component view)

③ JScrollPane(Component view, int vsb, int hsb)

④ JScrollPane(int vsb, int hsb)

其中：view 是摆放在滚动框格中的组件对象；vsb 和 hsb 设置横、竖向的滚动方式，可取类常数值。

（2）类常数

可使用以下类常数确定滚动方式：

① HORIZONAL_SCROLLBAR_ ALWAYS 其值 32，一直显示横向滚动条。

② VERTICAL_SCROLLBAR_ ALWAYS 其值 22，显示竖向滚动条。

③ HORIZONAL_SCROLLBAR_AS_NEEDED 其值 30，根据需要显示横向滚动条。

④ VERTICAL_SCROLLBAR_ AS_NEEDED 其值 20，根据需要显示竖向滚动条。

⑤ HORIZONAL_SCROLLBAR_NEVER 其值 31，不显示横向滚动条。

⑥ VERTICAL_SCROLLBAR_ NEVER 其值 21，不显示竖向滚动条。

（3）常用方法

① public int getHorizontalScrollBarPolicy( ) 获取横向滚动方式。

② public int getVerticalScrollBarPolicy( ) 获取竖向滚动方式。

③ public void setHorizontalScrollBarPolicy(int policy) 设置横向滚动方式。

④ public void setVerticalScrollBarPolicy(int policy) 设置竖向滚动方式。

⑤ public void setViewportView(Component view) 设置滚动窗口要观察的对象。

7.3.2　常用组件类

1. JLabel 类

用于显示文字或图像信息，并可指定信息的位置。

（1）构造方法

① JLabel( ) 创建空标签。

② JLabel(Icon image) 以 image 图像创建标签。

③ JLabel(Icon image, int alignment) 以 image 图像及 alignment 对齐创建标签。

④ JLabel(String text) 以字符串 text 创建标签。

⑤ JLabel(String text, Icon icon, int alignment) 以字符串 text、图像 icon 及 alignment 对齐创建标签。

⑥ JLabel(String text, int alignment) 以 text 及 alignment 对齐创建标签。

注意：alignment 对齐可以取以下方位常数值之一：LEFT(其值为 2，左对齐)、CENTER (其值为 0，居中)、RIGHT(其值为 4，右对齐)、LEADING (其值为 10，前端对齐) 或 TRAILING(其值为 11，后端对齐)。

这些常数是实现 SwingConstants 接口而继承来的。

(2)常用方法

① public Icon getIcon() 获得标签图像。

② public void setIcon(Icon icon) 设置标签图像。

2. JButton 类

和 JLabel 类类似，下边我们只列出常用的构造方法，然后说明组件的用法。

(1)常用的构造方法

① JButton(Icon icon) 创建一个带图标的按钮。

② JButton(String text) 创建一个带文本的按钮。

③ JButton(String text, Icon icon) 创建一个带初始文本和图标的按钮。

其中：text 和 icon 分别表示显示在按钮上的文本和图标。

(2)用法示例

【例 7.11】设计如图 7.11 的用户登录界面，在标签和按钮上添加图标。

参考程序代码如下：

图 7.11　例 7.11 用户登录界面

```
/*这是一个用户登录界面的示例，主要演示图标的用法
*程序名字：SwingExam7_11.java
*/
import java.awt.*;
import javax.swing.*;
public class SwingExam7_11 extends JFrame{     //这是一个 JFrame 类的派生类
    JLabel l1, l2;                             //声明两个标签变量
    TextField user, password;                  //声明两个文本框变量
    JButton b1, b2;                            //声明两个按钮变量
    public SwingExam7_11(){
        Container contentPane=getContentPane();      //获得容器对象
        Icon ic1=new ImageIcon(".\\people.gif");     //创建图标对象
        Icon ic2=new ImageIcon(".\\lock.gif");
        Icon ic3=new ImageIcon(".\\mouse.gif");
```

```
        l1 = new JLabel("用户名", ic1, 0);      //创建带有图标及文字的标签对象, 居中对齐
        l2 = new JLabel("口　令", ic2, 0);      //创建带有图标及文字的标签对象, 居中对齐
        user = new TextField(10);               //创建文本框对象
        password = new TextField(10);           //创建文本框对象
        password. setEchoChar(' * ');           //设置文本框对象的输入方式是密码输入
        b1 = new JButton("重置");               //创建按钮对象 b1
        b2 = new JButton("登录", ic3);          //创建带有图标及文字的按钮对象 b2
        contentPane. setLayout(new GridLayout(0, 2));   //设置每行两列的布局
        contentPane. add(l1);                   //将对象 l1 加到容器中
        contentPane. add(user);                 //将对象 user 加到容器中
        contentPane. add(l2);                   //将对象 l2 加到容器中
        contentPane. add(password);             //将对象 password 加到容器中
        contentPane. add(b1);                   //将对象 b1 加到容器中
        contentPane. add(b2);                   //将对象 b2 加到容器中
        this. setTitle("用户登录");             //设置框架窗口标题
        this. setBounds(100, 100, 300, 150);    //设置框架窗口的显示位置及大小
        this. setVisible(true);                 //设置框架窗口是可见的
        this. setDefaultCloseOperation(3);      //单击关闭按钮后, 退出程序
    }
    public static void main(String args[]) {
        new SwingExam7_11();                    //创建对象显示用户登录界面
    }
}
```

3. JList 类

在前边我们已经介绍了列表框 List 类, 下边看一下 JList 类。

(1)构造方法

① JList() 构建一个空的列表。

② JList(ListModel dataModel) 以列表模型对象 dataModel 构建列表。

③ JList(Object[] listData) 以一组对象构建列表。

④ JList(Vector listData) 以 Vector 对象构建列表。

(2)常用方法

① public void setCellRenderer(ListCellRenderer cellRenderer) 设置用于绘制列表中每个单元的委托。

② public ListCellRenderer getCellRenderer() 获得呈现列表项的对象。

我们可以在列表中加入图标, JList 使用 awt 组件(由名为 cellRendererer 的委派提供)在列表中绘制可见单元。单元渲染器组件类似于"橡皮图章", 用于绘制每个可见行。每当 JList 需要绘制单元时, 它就要求单元渲染器提供组件, 使用 setBounds() 方法将其移动到位, 然后调用其绘制方法进行绘制。系统默认的单元渲染器使用 JLabel 组件呈现每个组件的字符串值。如果需要在 JList 中显示图标时, 用户可以编写自己的单元渲染器代码, 将每一个项

当作一个 JLabel 对象，再使用 setCellRenderer ( ) 方法进行设置，此外还需要实现接口 ListCellRenderer，并覆盖接口中的方法：

getListCellRendererComponent (JList list, Object value, int index, boolean isSelected, boolean cellHasFocus)

幸运的是这些参数在设置 JList 的绘图模式时被自动设置。

下边举一个例子说明在列表中加入图标。

【例 7.12】创建如图 7.12 的用户界面，查看 SwingConstants 接口中用于在屏幕上定位或定向组件常用的一些常量。

用户界面的基本设计思想是，在框架容器中摆放两个列表框：一个用于显示带图标的定向方位；另一个用于显示常数及常数值。如前所述，使用 JLabel 对象作为列表项显示图标，我们可以编写单元渲染器代码，在程序中定义一个 CellRenderer 类，该类是 JLabel 的派生类并实现 ListCellRenderer 接口，完成带图标项的显示。程序参考代码如下：

```
/ * 这是一个显示图标信息列表示例程序
  * 程序的名字：JListExam7_12. java
  */
import java. awt. * ;
import javax. swing. * ;
```

图 7.12 示例 7.12 程序界面

```
public class JListExam7_12 extends JFrame{
    String[ ] item1 = {"北","南","西","东","西北","东北","东南","西南","中"};
    String[ ] item2 = {"NORTH(1)","SOUTH(5)","WEST(7)","ESAT(3)",
    "NORTH_WEST(8)","NORTH_EAST(2)","SOUTH_EAST(4)","SOUTH_WEST
    (6)","CENTER(0)" };
    JList list1 = new JList(item1); //创建列表对象 list1
    JList list2 = new JList(item2); //创建列表对象 list2
    public JListExam7_13( ){
        super("在列表组件加入图标演示");
        Container contentPane = this. getContentPane( );   //获得容器对象
        contentPane. setLayout( new GridLayout(1, 2)); //设置容器布局
```

```
      list1. setBorder( BorderFactory. createTitledBorder( "显示图标" ) ) ; //设置列表框标题
      list2. setBorder( BorderFactory. createTitledBorder( "对应常数(值)显示" ) ) ; //设置列
      表框标题
      list1. setCellRenderer( new CellRenderer( ) ) ; //设置用于绘制列表中每个单元的委托
      contentPane. add( new JScrollPane( list1 ) ) ; //以 list1 对象为参数创建滚动框格添加
      到容器中
      contentPane. add( new JScrollPane( list2 ) ) ; //以 list2 对象为参数创建滚动框格添加
      到容器中
      this. pack( ) ;
      this. setVisible( true ) ;
      this. setDefaultCloseOperation( this. EXIT_ON_CLOSE ) ;
    }
    public static void main( String[ ] args ) {
      new JListExam7_12( ) ;
    }
  }
/ * 单元渲染器代码如下 * /
class CellRenderer extends JLabel implements ListCellRenderer {
    CellRenderer( ) {
      setOpaque( true ) ; //设置组件是透明的, 即绘制组件边界内的所有像素。
    }
    / * 实现接口方法 * /
    public Component getListCellRendererComponent ( JList list, Object value, int index,
    boolean isSelected, boolean cellHasFocus ) {
    if( value! = null ) {
      setText( value. toString( ) ) ;
      setIcon( new ImageIcon( ". \\i" +( index )+". gif" ) ) ; //设置图标文件为显示图标
    }
    return this ;
    }
  }
```

7.4　菜单

　　菜单是常见的用户界面, 在一般的应用系统中都可以看到它的身影。在 java. awt 和
javax. swing 类包中都提供了菜单组件。

　　一般来说, 一个菜单系统由菜单栏、菜单和菜单项组成。一个菜单栏可包含多个菜单,
一个菜单可包含多个菜单项。在 Java 中, 创建一个菜单应用的步骤如下:

（1）创建一个菜单栏（MenuBar）；

（2）在菜单栏上创建各个菜单（Menu）；

（3）为每个菜单创建各个菜单项（MenuItem）。

下边我们简要介绍 javax. swing 包中提供的各菜单组件。

7.4.1 菜单栏（JMenuBar）

菜单栏用来组织菜单。只能在用户界面上放置一个菜单栏。

1. 构造方法

使用如下的构造方法创建一个空的菜单栏：

JMenuBar（）

2. 常用方法

（1）public JMenu add（JMenu m） 将一个 Jmenu 对象 m 添加到菜单栏中。

（2）public JMenu getMenu（int index） 获取菜单栏中第 index 个 JMenu 对象。index 取值从 0 开始，0 表示第一个菜单。

（3）public int getMenuCount（） 获取菜单栏中 JMenu 对象的总数，即菜单个数。

（4）public void remove（int index） 将菜单栏中的第 index 个 JMenu 对象删除。

（5）public JMenu getHelpMenu（） 获取菜单栏的帮助菜单。

7.4.2 菜单（JMenu）

菜单是放置菜单项的容器，一个菜单可包含若干个菜单项。菜单的实现其实就是一个包含菜单项的弹出窗口，当用户选择菜单栏上的菜单时就会显示该菜单所包含的菜单项。除了菜单项之外，菜单中还可以包含分割线。

菜单本质上是带有关联弹出菜单（JpopupMenu）的按钮。当按下"按钮"时，就会显示弹出菜单。如果"按钮"位于菜单栏上，则该菜单为顶层窗口。如果"按钮"是另一个菜单项，则弹出菜单就是"右拉"菜单。

1. 常用构造方法

（1）JMenu（） 创建一个没有标题的空菜单。

（2）JMenu（String label） 创建一个标题为 label 的菜单。

（3）JMenu（String label, boolean tearOff） 以 label 为标题构建菜单，tearOff 确定菜单是否可分离的。

2. 常用方法

（1）public JMenuItem add（JMenuItem m） 将一个菜单项添加到菜单中。

（2）public JMenuItem add（String label） 将一个标题为 label 的菜单项添加到菜单中。

（3）public Component add（Component c） 将组件 c 添加到菜单中。

（4）public void addSparator（） 添加一条分割线到菜单中。

（5）public JMenuItem getItem（int pos） 获得 pos 指定位置的菜单项。

（6）public int getItemCount（）获得菜单项的数目，包括分割线。

（7）public JMenuItem insert（JMenuItem mItem, int pos） 将菜单项 mItem 插入到 pos 指定的位置。

（8）public void insert（String lab，int pos）将标题为 lab 的菜单项插入指定位置。

（9）public void remove（int pos）删除 pos 指定位置处的菜单项。

（10）public void removeAll（）删除所有的菜单项。

（11）public void addMenuListener（MenuListener l）添加菜单事件的侦听器。

7.4.3　菜单项（JMenuItem）

菜单项就是包含在菜单中的一个对象，当选中它时会执行一个动作。

1. 常用构造方法

（1）JMenuItem（）创建一个没有文本标题或图标的菜单项。

（2）JMenuItem（String label）创建一个文本标题为 label 的菜单项。

（3）JMenuItem（Icon icon）创建带有 icon 指定图标的菜单项。

（4）JMenuItem（String text，Icon icon）创建带有指定文本和图标的菜单项。

（5）JMenuItem（String text，int mnemonic）创建带有指定文本和键盘助记符的菜单项。

2. 常用方法

（1）pulic void addActionListener（ActionEvent listener）添加菜单项事件的侦听器。

（2）public void setAccelerator（KeyStroke keyStroke）设置组合键，它能直接调用菜单项的操作侦听器而不必显示菜单的层次结构。

（3）public KeyStroke getAccelerator（）获得组合键对象。

（4）public void setEnabled（boolean b）设置启用或禁用菜单项。

7.4.4　建立菜单系统

前边我们介绍了菜单组件的构造方法和常用方法，使用它们来构建菜单应用系统。一般来说，设计菜单系统时应遵循如下原则：

（1）菜单设计的整体要有规划，使其划分合理、条理清晰。

（2）标准化。按照标准菜单的方式进行设计，如菜单项是一个级联菜单，则菜单项标题后应加级联标识小黑三角；若菜单项要打开一个对话框，则菜单项标题后应加省略号标识。

（3）简明直观。菜单标题和菜单项的名称应当简明扼要，具有概括性和直观性。

（4）方便快捷。可采用加速键和快捷键，方便操作。

（5）级联菜单的层数不宜过多。

（6）使用状态栏对菜单的使用提供帮助和提示信息。

下面给一个简单的示例说明菜单的应用。

【例 7.13】建立如图 7.13 的菜单界面。

图 7.13　示例 7.13 文件菜单界面

程序参考代码如下：

```
/* 这是一个文件处理的菜单界面
 * 程序的名字是 FileMenu. prg
 */
import javax. swing. * ;
public class FileMenu extends JFrame{
  JMenuBar mBar=new JMenuBar( );                    //定义菜单栏对象
  JMenu file= new JMenu("文件");                    //定义文件菜单对象
  JMenuItem newFile=new JMenuItem ("新建");         //定义文件菜单项对象
  JMenuItem open=new JMenuItem ("打开   ...");
  JMenuItem save=new JMenuItem ("保存");
  JMenuItem saveAs=new JMenuItem ("另存为   ...");
  JMenuItem quit=new JMenuItem ("退出");
  JMenu edit=new JMenu("编辑");                      //定义编辑菜单对象
  JMenuItem cut=new JMenuItem("剪切   Ctrl+x");      //定义编辑菜单项对象
  JMenuItem copy=new JMenuItem("复制   Ctrl+c");
  JMenuItem paste=new JMenuItem("粘贴 Ctrl+v");
  JMenu search=new JMenu("搜索");                    //定义搜索菜单对象
  JMenuItem find=new JMenuItem("查找...");           //定义搜索菜单项对象
  JMenuItem next=new JMenuItem("查找下一个");
  JMenuItem replace=new JMenuItem("替换...");
  JMenu help=new JMenu("帮助");                      //定义帮助菜单对象
  JMenuItem info=new JMenuItem("关于帮助");          //定义帮助菜单项对象
  JMenuItem subject=new JMenuItem("帮助主题");
  public FileMenu( )                                 //构造方法
    {this. setTitle("我的文件菜单");                 //设置框架窗体标题
    /* 以下把文件菜单项加入到 File 菜单中 */
    file. add(newFile);
    file. add(save);
    file. add(saveAs);
    file. addSeparator( );                           //添加分割条
    file. add(quit);
    /* 以下把编辑菜单项加入到 Edit 菜单中 */
    edit. add(cut);
    edit. add(copy);
    edit. add(paste);
    /* 以下把搜索菜单项加入到 Search 菜单中 */
    search. add(find);
    search. add(next);
```

```
        search. add( replace ) ;
        / * 以下把帮助菜单项加入到 Help 菜单中 * /
        help. add( info ) ;
        help. add( subject ) ;
        / * 以下把所有菜单加入到菜单栏中 * /
        mBar. add( file ) ;
        mBar. add( edit ) ;
        mBar. add( search ) ;
        mBar. add( help ) ;
        this. setJMenuBar( mBar ) ;                    //将菜单栏加入框架窗口
        this. setSize( 300 , 200 ) ;
        this. setVisible( true ) ;
        this. setDefaultCloseOperation( 3 ) ;
    }
}
```

本程序类只是一个菜单的构架,要实现各菜单项的功能,还需要注册各菜单项的监听对象,并编写相应的事件处理程序,这将在后边有关文件的章节中再作介绍。

下边我们给出如下测试程序,测试上述菜单构架:

```
public class TestMenu {
    public static void main( String args[ ] ) {
        new FileMenu( ) ;
    }
}
```

本章小结

本章主要介绍了构建图形用户界面(GUI)的主要知识和技术,其中包括用于创建图形用户界面的物理外观的容器、组件、布局管理器等。

容器是实现图形用户界面的基础,它可以包含其他的容器或组件,要注意区分 java. awt 和 javax. swing 两个包中作用相同的容器和组件之间使用上的差别。

本章重点:Frame 和 JFrame、Panel 和 JPane 等常用容器的用途和用法;Label 和 JLabel、TextField 和 JTextField、Button 和 JButton、List 和 JList、Checkbox、CheckboxGroup、Choice 等常用组件的用途和用法;各布局管理器的用途和用法;菜单的基本构成。

习题 7

1. 什么是图形用户界面?
2. 什么是容器? 它的主要特点是什么?
3. 什么是组件? 请列出几种常用的组件。

4. Frame 类的对象的默认布局管理器是什么？它和 Panel 类的对象的默认布局管理器有什么不同？

5. 创建 Frame 窗口对象时可以不设置窗口的大小吗？为什么？

6. Java 提供了哪几种布局管理器？

7. 什么是事件？用户的哪些操作可能引发事件？

8. Java 中用什么来表示事件？有哪些"监听者"接口？

9. 编程实现一个简单的计算器，它包括 0 到 9 的数字按钮，加、减、乘、除、清零、等号等几个简单的运算按钮和一个显示最后结果的文本区域(可参照系统自带的计算器)。

10. 编写一个程序将华氏温度转换成摄氏温度。从键盘输入华氏温度(通过单行编辑框输入)，通过单行编辑框显示转换后的摄氏温度。使用下面的公式进行温度的转换：

摄氏温度 = 5/9 * (华氏温度−32)

11. 增加练习 10 的温度转换程序的功能，加入绝对温度的转换，并允许用户在任何两种温度之间进行转换，程序中可使用下面的公式：

绝对温度 = 摄氏温度+273

12. 编写一个使用菜单的程序(可参照 Microsoft Word 的菜单系统设计，并尽可能多地实现相应的功能)。

13. 编写一个程序来玩"猜数字"游戏。首先，程序在 1 到 1000 之间随机选择一个数字，然后在一个标签上显示信息：一个 1 到 1000 之间的数字，请输入你的猜测。用一个单行编辑框接收用户的输入。每当用户输入一个答案时，都显示相应的提示信息："太大"、"太小"或"正确"，以帮助用户调整答案。当答案正确时，弹出对话框，显示恭喜信息，再使用一个标签显示用户已经猜测的次数。另外，提供一个重新开始玩游戏的按钮，当点击该按钮时，将产生一个新的随机数，同时将用户猜测的次数清零。

第8章 输入输出流、文件及数据库

任何一个程序都有一个目的，即输入(提供)什么数据(信息)可输出(获得)所期望的结果。到目前为止，我们在程序中所讨论的输入和输出操作都是在标准设备文件上进行的。本章将简要介绍对数据流、数据文件和数据库文件的输入和输出操作。

8.1 输入输出流

输入输出是程序设计的重要组成部分，任何程序设计语言都提供对输入输出的支持。Java 也不例外，它采用数据流的形式传送数据。

8.1.1 流的概念

所谓流(stream)，简单地说，即是计算机中数据的流动。

程序运行需要取得数据，这些数据可以通过用户从键盘输入获得，也可以从磁盘文件调入，还可以接收来自网络上的数据信息，程序在获得数据之后对其进行处理，并将处理结果输出到屏幕、磁盘文件或打印机上，也可输送到网络上(如远程打印机、网络用户等)。

对程序而言，数据信息从某个地方流向程序中，这就是输入流；数据信息从程序中发送到某个目的地，这就是输出流。

无论是输入流还是输出流，Java 提供了如下两种方式进行处理。

(1)字节(byte)方式

以字节方式处理的是二进制数据流(简称为字节流)。

用二进制的格式可以表示许多类型的数据，比如数字数据、可执行程序代码、因特网通信和类文件代码等。

(2)字符(character)方式

以字符方式处理的数据流称为字符流。它不同于字节流，因为 Java 使用 Unicode 字符集，存放一个字符需要两个字节。因此这是一种特殊类型的字节流，它只处理文本化的数据。所有涉及文本数据处理，诸如文本文件、网页以及其他常见的文本类型都应该使用字符流。

下边我们将分别介绍字节流和字符流的功能及应用。

8.1.2 字节流

在输入和输出流中用到了许多类，它们形成了一种非常合理的结构，只要我们了解了它们之间的相互关系，就可以正确地使用了。

下边我们先介绍字节输入流类的功能及应用。

1. 字节输入流类(InputStream)

InputStream 类是一个抽象类,它是字节输入流的顶层类。我们不能直接创建 InputStream 对象,要进行字节输入流的操作,还要靠创建它的子类对象实现。InputStream 类被放在 java. io 包中,它的派生结构如下:

class java. io. InputStream
   |-class java. io. ByteArrayInputStream
   |-class java. io. FileInputStream
   |-class java. io. FilterInputStream
     |-class java. io. BufferedInputStream
     |-class java. io. DataInputStream
     |-class java. io. LineNumberInputStream
     |-class java. io. PushbackInputStream
       |-class java. io. ObjectInputStream
       |-class java. io. PipedInputStream
       |-class java. io. SequenceInputStream
       |-class java. io. StringBufferInputStream

InputStream 类中提供了一系列的方法用来完成从字节输入流读取数据的操作,下边简要介绍一些常用的方法及其应用。

(1)InputStream 类的常用方法

abstract int read( ) 从输入流中读取一个字节并返回整数值(0~255)。如果流中无字节可读,则返回-1。该方法是一个抽象方法,在其子类中实现它。

intread(byte[ ] b) 从输入流中读取字节放入字节数组 b 中并返回实际读取的字节数。

intread(byte[ ] b, int off, int len) 从输入流中读取 len 个字节存入字节数组 b 从 off 开始的位置中,并返回实际读取的字节数。

longskip(long n) 从流中当前的位置跳过 n 个字节。

intavailable( ) 返回可以从流中读取的字节数。

void close( ) 关闭输入流。

void mark(int readlimit) 在流中当前位置处做一个标记,以便其后使用 reset( )方法返回该点。如果在做了标记之后又从流中读取了超过 readlimit 个的字节,则标记无效。

void reset( ) 将读取位置返回到标记的位置。如果之前没做标记或该流不支持标记将抛出异常。

booleanmarkSupported( ) 测试该流是否支持标记。

注意:读取字节流的方法都引入了异常处理,如果遇到读错误,将抛出一个 IOException 异常;如果遇到对象为 null,则抛出 NullPointerException 异常;如果使用数组超出范围,则抛出 IndexOutOfBoundsException 异常。

(2)使用字节输入流

如前所述,使用字节输入流的操作需要创建 ImputStream 子类的对象来实现。下边我们先介绍一下 DataInputStream 子类,然后再举一个例子,说明一下字节输入流的操作。

① DataInputStream 构造方法

DataInputStream(InputStream in) 用基本的 InputStream 对象 in 创建对象。

② DataInputStream 常用方法

除了继承父类的所有方法之外，还实现了 DataInput 接口中所有的方法，这些方法主要是读取各类数据，除了读取八种(boolean, byte, char, short, int, float, long, double) 基本类型数据的方法外，还有如下方法：

int readUnsignedByte( ) 以无符号字节数的方式读取流中的数据。

int readUnsignedShort( ) 以无符号短整数的方式读取流中的数据。

String readUTF( ) 以 UTF-8 数据格式读取流中的数据。

static String readUTF(DataInput in) 以 UTF-8 数据格式读取由 in 指定流中的数据。

int skipBytes(int n) 跳读 n 个字节。

(3)应用举例

【例 8.1】从键盘上输入 5 个字节数据放入字节数组中并显示出来。

```java
/* 程序名 ByteInputStreamApp. java */
import java.io. * ;
public class ByteInputStreamApp{
  public static void main(String args[ ]){
  byte byteArray[ ]=new byte[5];                          //定义字节数组
  DataInputStream data=new DataInputStream(System. in);   //创建对象
  try{                                                    //捕获 I/O 错误
      System. out. print("从键盘上输入 5 个字节数据：");
      data. read(byteArray);              //从键盘上输入字节数据放入数组中
    }
  catch(IOException e){
   System. out. println(e. toString( ));                 //输出出错信息
   }
  System. out. print("从流中获取的 5 个字节数据：");
  for(int i=0; i<5; i++) System. out. print(byteArray[i]+" ");
  System. out. println("");
  }
}
```

在程序中，我们使用 System. in 创建数据输入流对象，如前所述 System. in 既是 System 类的一个属性成员也是一个 InputStream 对象。

另外，我们使用了 try~catch 捕获异常机制的语句，主要是捕获 data. read (byteArray)语句执行过程中可能发生的 I/O 错误，这是系统要求的，对于所有涉及流输入和输出的语句都必须对可能出现的错误进行捕获的处理，如果没有捕获错误的处理，系统在编译时将给出错误提示，程序编译未能获得通过。

编译、运行上边的程序，结果如图 8.1 所示。程序运行时，我们从键盘上输入 5 个字符，它们被放入字节数组中，输出它们的值，它们以 ASCII 码值的形式展现在我们面前。

图 8.1　示例 8.1 运行结果

2. 字节输出流(OutputStream)

与 InputStream 类似, OutputStream 是字节输出流的顶层类, 它也是一个抽象类。Output Stream 类的派生结构如下:

|-class java. io. OutputStream
　　|-class java. io. ByteArrayOutputStream
　　|-class java. io. FileOutputStream
　　|-class java. io. FilterOutputStream
　　　|-class java. io. BufferedOutputStream
　　　|-class java. io. DataOutputStream
　　　|-class java. io. PrintStream
　　　　|-class java. io. ObjectOutputStream
　　　　|-class java. io. PipedOutputStream

OutputStream 类中定义了用来完成从输出流输出数据的一系列方法。下边简要介绍一些常用的方法及其应用。

(1)OutputStream 类常用方法

abstract void write(int b) 将 b 的低位字节写入输出流。这是一个抽象方法, 需要在其子类中实现它。

voidwrite(byte[ ] b) 把字节数组 b 写入输出流。

void write(byte[ ] b, int off, int len) 把字节数组 b 中从 off 位置开始的 len 个字节写入输出流。

void flush() 立即将流缓冲区中的数据输出。正常情况下, 写入数据到输出流时, write()方法并不能将数据直接写到与输出流相连的设备上, 而是先存放在流缓冲区中, 等到缓冲区中的数据积累到一定数量时才写到设备上。这样处理可以降低计算机对设备的读写次数, 提高系统的效率。但是某些情况下, 缓冲区中的数据不满时就需要将它写到设备上, 诸如数据的写入已经完成、关闭输出流之前等, 均应执行 flush()方法。

void close() 关闭输出流。该方法先执行 flush()方法把缓冲区中的数据写到流设备上, 然后再关闭输出流。

注意: 与 InputStream 类似, 写入字节流的方法也都引入了异常处理, 如果遇到写错误, 将抛出一个 IOException 异常。

(2)使用字节输出流

与使用字节输入流类似, 使用字节输出流的操作也需要创建 OutputStream 子类的对象来实现。下边先介绍一下 DataOutputStream 子类, 然后再举一个例子, 说明一下字节输出流的操作。

① DataOutputStream 构造方法

DataOutputStream(OutputStream out) 以 OutputStream 对象 out 为参数创建对象。

② DataOutputStream 常用方法

除了继承父类的所有方法之外, 还实现了 DataOutput 接口中所有的方法, 这些方法主要是写入各类数据, 除了写入八种(boolean, byte, char, short, int, float, long, double) 基本类型数据的方法(writedataType(dataType v))外, 还提供了如下常用方法:

intsize( ) 返回迄今为止写入流中的字节计数。

void writeChars(String s) 将字符串 s 写入到输出流中。

void writeUTF(String str) 将字符串 str 以 UTF-8 格式写入到输出流中。

③ 应用举例

【例 8.2】修改例 8.1, 从键盘上输入 5 个字节数据放入字节数组中并将它们写入基本的输出流中。

```
/*程序名 ByteOutputStreamApp. java */
import java. io. * ;
public class ByteOutputStreamApp{
  public static void main(String args[ ]){
    byte byteArray[ ] =new byte[5];                         //定义字节数组
    DataInputStream data=new DataInputStream(System. in);   //创建对象
    DataOutputStream out=new DataOutputStream(System. out);
    try {                                                    //捕获 I/O 错误
      System. out. print("从键盘上输入 5 个字节数据: ");
      data. read(byteArray);                        //从键盘上输入字节数据放入数组中
      System. out. print("将字节数组写出的结果: ");
      out. write(byteArray);                                 //将字节数组写出
      }
      catch(IOException e){
      System. out. println(e. toString());                  //输出出错信息
      }
    System. out. println("");
    }
}
```

请读者运行该程序, 比较一下它和例 8.1 的区别之处, 进一步加深对字节流的理解。

3. 综合应用举例

字节流中用的最多的是读写文件数据的文件流(FileInputStream 和 FileOutputStream) 和如上所述的读写基本数据的数据流(DataInputStream 和 DataOutputStream)。

下边我们先简要介绍一下 FileInputStream 和 FileOutputStream 类, 然后再举两个应用的例子。

(1)FileInputStream 类

FileInputStream 类构造方法如下：

FileInputStream(File file) 以 file 指定的文件对象创建文件输入流。

FileInputStream(FileDescriptor fdObj) 以 fdObj 指定的文件描述符对象创建文件输入流。

FileInputStream(String name) 以字符串 name 指定的文件名创建文件输入流。

FileInputStream 除了继承父类的方法之外，还提供了如下常用方法：

FileChannel getChannel() 获得与文件输入流相连接的唯一的 FileChannel 对象。

FileDescriptor getFD() 获得与文件输入流相连接的文件描述符对象。

(2) FileOutputStream 类

FileOutputStream 类构造方法如下：

FileOutputStream(File file) 以 file 指定的文件对象创建文件输出流。

FileOutputStream(File file, boolean append) 以 file 指定的文件对象创建文件输出流。如果 append 为 true，则数据被添加到文件的尾部而不是开头。

FileOutputStream(FileDescriptor fdObj) 以 fdObj 指定的文件描述符对象创建文件输出流。

FileOutputStream(String name) 以字符串 name 指定的文件名创建文件输出流。

FileOutputStream(String name, boolean append) 以字符串 name 指定的文件名创建文件输出流。append 的作用如上所述。

FileOutputStream 类除了继承父类的方法之外，还提供了如下常用方法：

FileChannel getChannel() 获得唯一的与该文件输出流相连接的 FileChannel 对象。

FileDescriptor getFD() 获得与该输出流相连接的文件描述符对象。

(3) 应用示例

【例 8.3】使用字节流建立文件并输出文件内容。

```java
/* 程序名 File_Read_Write.java
 * 本示例主要演示数据输入/输出流与文件输入/输出流的简单应用
 */
import java.io.*;
public class File_Read_Write {
  public static void main(String arguments[]) {
    byte[] data = new byte[50];
    try {
      DataInputStream in = new DataInputStream(System.in);        //创建数据输入流对象;
      FileOutputStream file = new FileOutputStream("data1.dat"); //创建文件输出流
      System.out.println("输入不多于 50 个字符：");
      in.read(data);                        //将键盘上输入的字符读入字节数组
      file.write(data);                     //将字节数组的元素值写入流
      file.close();                         //关闭文件输出流
      in.close();                           //关闭数据输入流
      FileInputStream file1 = new FileInputStream("data1.dat"); //创建文件输入流
      DataOutputStream out = new DataOutputStream(System.out); //创建数据输出流
      int n = file1.read(data);             //从文件输入流中读取数据放入字节数组中
```

```
        System. out. println("从文件中读取的"+n+"字节的数据如下：");
        out. write(data);
        file1. close();                    //关闭文件输入流
        out. close();                      //关闭数据输出流
        }
      catch (IOException e) ｛ System. out. println("Error - " + e. toString());
        ｝
      ｝
｝
```

【例 8.4】 使用文件输入/输出流复制文件。

```
/* 程序名 FileCopy. java */
import java. io. *;
public class FileCopy ｛
  public static void main(String args[])    ｛
  byte [] data=new byte[50];
  int n=0;
    try ｛                               //创建文件输入流对象
    FileInputStream file1=new FileInputStream("File_Read_Write. class");
                                        //创建文件输出流对象
    FileOutputStream file2=new FileOutputStream ("File_Read_Write2. class");
    while((n=file1. available())>0)｛          //当文件中还有字节可读时
    file1. read(data);    //将文件的内容读入字节数组
    if(n>=50) ｛ file2. write(data);｝ //若文件没有读完，将读取的整个数组内容写入
    else        ｛ file2. write(data, 0, n);｝ //将最后的 n 个字节写入
    ｝
    file2. close();      //关闭文件输出流
    file1. close();      //关闭文件输入流
    ｝
    catch (IOException e) ｛ System. out. println("Error-" + e. toString()); ｝
    System. out. println("File_Read_Write. class 复制到 File_Read_Write2. class 完成!");
  ｝
｝
```

8.1.3 字符流

下边简要介绍字符输入流和字符输出流的功能和应用。

1. 字符输入流(Reader 类)

Reader 类是一个抽象类，是字符输入流的顶层类。Reader 类的派生结构如下：

|-class java. io. Reader

　|-class java. io. BufferedReader

```
|-class java. io. LineNumberReader
|-class java. io. CharArrayReader
|-class java. io. FilterReader
  |-class java. io. PushbackReader
  |-class java. io. InputStreamReader
  |-class java. io. FileReader
     |-class java. io. PipedReader
     |-class java. io. StringReader
```

尽管不能直接创建 Reader 对象进行流的操作，但 Reader 类提供了读取字符流的常用方法。下边我们介绍 Reader 类的功能和使用其子类对象操作字符流的应用。

（1）Reader 类的方法

Reader 类定义了如下常用的方法：

int read( ) 从流中读取一个字符并将它作为一个 int 值返回。如果读到流的结束位置，将返回-1。

int read(char[ ] cbuf) 将从流中读取字符放入字符数组 cbuf 中，并返回读取的字符数。

abstract int read(char[ ] cbuf, int off, int len) 从流中读取 len 个字符放入 cbuf 数组中从 off 位置开始的元素中。这是一个抽象方法，在其子类中实现它。

longskip(long n) 跳过流中 n 个字符并返回跳过的字符数。如果流中字符个数小于 n，则返回值小于 n。

booleanready( ) 测试该流是否已准备好可以读取。如果已准备好，返回 true；否则返回 false。

booleanmarkSupported( ) 测试该流是否可标记的。如果是可标记的，返回 true；否则返回 false。

voidmark(int readAheadLimit) 在流中标记当前位置，readAheadLimit 指定在不丢失当前标记位置记录的情况下允许读取的最大字符数。

voidreset( ) 将流的读取位置定位到前一个标记位置，如果没有标记，则定位到流的开始位置。

abstract void close( ) 关闭字符输入流。这是一个抽象方法，在其子类中实现它。

（2）使用字符输入流

如前所述，必须创建 Reader 类的子类对象来操作字符流。一般我们常使用字符输入流来处理文本文件，FileReader 类用于从一个文件中读取字符流。如果想一次在流中读取一行字符时，BufferReader 类具有更高的效率。下边先简单介绍一下常用子类的功能，然后再加以应用。

① BufferReader 类

BufferReader 类构造方法如下：

BufferedReader(Reader in) 创建一个系统默认大小的缓冲字符流。

BufferedReader(Reader in, int size) 创建一个由 size 指定大小的缓冲字符流。

除了继承父类的方法之外，BufferReader 还提供了如下常用方法：

String readLine( ) 读取一行文本。如果已无字符可读即已到流的结尾，将返回 null。一般来说，每一行的结束标记是以换行('\n')或回车('\r')或回车换行('\r\n')符表示。

② InputStreamReader 类和 FileReader 类

InputStreamReader 类的常用构造方法如下：

InputStreamReader(InputStream in) 使用系统默认的字符集构建输入流。

InputStreamReader(InputStream in, Charset cs) 使用 cs 指定的字符集构建输入流。

InputStreamReader(InputStream in, String charsetName) 使用 charsetName 表示的字符集构建输入流。

InputStreamReader 继承了父类的功能且实现了父类的抽象方法。自身定义了如下方法：

String getEncoding() 返回字符编码的名字。

FileReader 类是 InputStreamReader 的派生类，它的构造方法如下：

FileReader(File file) 以 file 指定的文件创建文件输入流。

FileReader(FileDescriptor fd) 以 fd 文件描述符指定的文件创建文件输入流。

FileReader(String fileName) 以字符串 fileName 表示的文件创建文件输入流。

FileReader 类继承父类的方法，自身没有定义方法。

③ 应用举例

【例 8.5】使用字符输入流的方法将例 8.4 的 FileCopy.java 程序文件的代码读出并显示。

```java
//TextFileDisplay.java
import java.io.*;
public class TextFileDisplay {
  public static void main(String args[]) {
    try {
      BufferedReader buff = new BufferedReader(new FileReader("FileCopy.java"));
      String line;
      while((line = buff.readLine()) != null) System.out.println(line);
      buff.close();
    }
    catch (IOException e) { System.out.println("Error:" + e.toString()); }
  }
}
```

2. 字符输出流(Writer 类)

与 Reader 类一样，Writer 类是字符输出流的顶层类，它也是一个抽象类。Writer 类的派生结构如下：

```
|-class java.io.Writer
  |-class java.io.BufferedWriter
  |-class java.io.CharArrayWriter
  |-class java.io.FilterWriter
    |-class java.io.OutputStreamWriter
    |-class java.io.FileWriter
    |-class java.io.PipedWriter
```

　　|-class java. io. PrintWriter

　　|-class java. io. StringWriter

下边简要介绍一下 Writer 类的功能及应用。

（1）Writer 类的方法

Writer 类定义了如下操作字符输出流的方法：

voidwrite（int c）将一个字符写入流中。该字符是由整数 c 后两个字节的值表示。

void write（char[ ] cbuf）将字符数组 cbuf 的内容写入流中。

abstract void write（char[ ] cbuf, int off, int len）将数组 cbuf 中从 off 位置开始的 len 个字符写入流中。这是一个抽象方法，在子类中实现它。

void write（String str）将字符串 str 写入流中。

void write（String str, int off, int len）将字符串 str 中从 off 位置开始的 len 个字符写入流中。

abstract voidflush（）将流缓冲区中的内容立即输出。这是一个抽象方法，在子类中实现它。

abstract void close（）关闭流。这是一个抽象方法，在子类中实现它。

（2）使用字符输出流

在使用字符流之前，先介绍两个派生类 BufferedWriter 和 OutputStreamWriter。

① BufferedWriter 类

BufferedWriter 类的构造方法如下：

BufferedWriter（Writer out）以系统默认的缓冲大小创建字符输出流。

BufferedWriter（Writer out, int size）以 size 指定的缓冲大小创建字符输出流。

BufferedWriter 除了继承父类的功能且实现了父类的抽象方法外。自身定义了如下方法：

void newLine（）写入一个行分隔符。

② OutputStreamWriter 和 FileWriter 类

OutputStreamWriter 类常用的构造方法如下：

OutputStreamWriter（OutputStream out）以系统默认的字符编码创建输出流。

OutputStreamWriter（OutputStream out, Charset cs）以 cs 指定的字符集创建输出流。

OutputStreamWriter（OutputStream out, String charsetName）以 charsetName 指定的字符集创建输出流。

OutputStreamWriter 除了继承父类的功能且实现了父类的抽象方法外。自身定义了如下方法：

StringgetEncoding（）获得字符编码名。

FileWriter 类是 OutputStreamWriter 的派生类。它继承了父类的所有功能，自身没有定义新方法。它的构造方法如下：

FileWriter（File file）以文件对象 file 构建输出流。

FileWriter（File file, boolean append）以文件对象 file 构建输出流。若 append 为 true，在流的尾部添加数据，否则在流的开头写入数据。

FileWriter（FileDescriptor fd）以文件描述符 fd 关联的文件构建输出流。

FileWriter（String fileName）以 fileName 表示的文件构建输出流。

FileWriter(String fileName, boolean append) 以 fileName 表示的文件构建输出流。若 append 为 true, 在流的尾部添加数据, 否则在流的开头写入数据。

我们常用 FileWriter 类的功能将一个字符流写入到文本文件中。创建一个 FileWriter 对象, 就可将输出流对象与一个文本文件相关联。

③ 应用举例

下边我们举一个图形界面的例子说明文件字符流的读写。

【例 8.6】设计如图 8.2 的用户界面, 编辑简单文本文件并存储文件。

程序的基本设计思想如下, 在用户界面上安排两个窗格容器 JPenal, 在第一个窗格上放置一个文本框, 输入要编辑的文件名; 两个按钮: "编辑" 按钮用于装入要编辑的文件; "保存" 按钮用于保存已编辑好的文件。在第二个窗格上放置一个多行文本框, 用于编辑文件内容。

图 8.2　程序用户界面

程序代码如下:

```java
/* 编辑查看文件程序 Editor. java */
import java.awt. * ;
import javax. swing. * ;
import java. awt. event. * ;
import java. io. * ;
public class Editor extends JFrame implements ActionListener{ JTextField fileName = new
JTextField(10);
    JTextArea fileContent = new JTextArea(10, 40);
    JButton editButton = new JButton("编辑");
    JButton saveButton = new JButton("保存"); ;
    JPanel panel1 = new JPanel();
    JPanel panel2 = new JPanel();
    public Editor() {
        panel1. add( new JLabel("文件名: "));
        panel1. add( fileName);
        panel1. add( editButton);
        panel1. add( saveButton);
        panel2. add( fileContent);
        this. add( panel1, BorderLayout. CENTER);
        this. add( panel2, BorderLayout. SOUTH);
        editButton. addActionListener( this);
        saveButton. addActionListener( this);
        this. pack();
        this. setVisible( true);
```

```
      this. setDefaultCloseOperation( this. EXIT_ON_CLOSE) ;
  }
    public void actionPerformed( ActionEvent evt) {
    Object obj = evt. getSource( ) ;
    try {
      if( obj = = editButton)              //将文件装入文本框
        {
        FileReader file = new FileReader( fileName. getText( ) ) ;
        BufferedReader buff = new BufferedReader( file) ;
        fileContent. setText( "" ) ;//在装入之前, 设置文本框为空
        String line;
        while( ( line = buff. readLine( ) )! = null) fileContent. append( line+' \n' ) ;
        buff. close( ) ;                    //装入完成后关闭输入流
        }
      else if( obj = = saveButton) {
        FileWriter file = new FileWriter( fileName. getText( ) ) ;
        file. write( fileContent. getText( ) ) ;//将文本框编辑的内容写入输出流
        file. close( ) ;//关闭输出流
        JOptionPane. showMessageDialog( null, " 文件存储完成!!!", " 提示信息",
        JOptionPane. PLAIN_MESSAGE) ;
        }
      }
      catch( Exception e) {
      JOptionPane. showMessageDialog ( null, " 文 件 错 误: " + e, " 提 示 信 息",
      JOptionPane. PLAIN_MESSAGE) ;
      }
    }
    public static void main( String [ ] args) {
    new   Editor( ) ;
    }
}
```

以上是一个简单的文本编辑程序, 主要是演示字符流的应用。

在学习和掌握上边介绍的这些流类的功能及使用方法之后, 对其他的流类, 其使用方法和步骤类似, 故不再重述。对更多的细节请参考 JDK 的相关文档。

8.2 文件与随机文件读写

上一节我们讨论了输入输出流的应用, 本节将讨论文件的应用和随机文件的读写。

8.2.1　文件(File)

Java 将操作系统管理的各种类型的文件和目录结构封装成 File 类,尽管 File 类位于包 java. io 中,但它是一个与流无关的类,它主要用来处理与文件或目录结构相关的操作。

1. File 类的属性

staticfinal StringpathSeparator 与系统相关的路径分隔符。为方便起见以字符串形式表示。

staticfinal charpathSeparatorChar 与系统相关的路径分隔符。

staticfinal Stringseparator 与系统相关默认的名字分隔符,为方便起见以字符串形式表示。

static final char separatorChar 与系统相关默认的名字分隔符。

在 Windows 系统下路径分隔符使用"/"或转义字符"\\"。

2. File 类的构造方法

File 类提供的构造方法如下:

File(String pathname) 用 pathname 指定的文件或目录路径创建 File 对象。pathname 指定的路径既可以是绝对路径也可以是相对路径。

File(String parent, String child) 用 parent 指定的父路径和 child 指定的子路径创建对象。

File(File parent, String child) 以 parent 和 child 创建对象。

File(URI uri) 以 uri 创建对象。

这里用到了绝对路径和相对路径的概念,所谓绝对路径即完整路径,从逻辑盘的根目录开始所经过的路径,例如:new File("C:/User1/Java/MyFirstApp. java");

所谓相对路径,即是相对于当前目录所经过的路径,一般我们使用"./"表示当前目录,"../"表示当前目录的父目录。例如:new File("SecondApp. java");或:new File("./SecondApp. java");均以当前目录上的 SecondApp. java 建立文件对象。

3. File 类的常用方法

File 类提供了众多的方法实现各种不同的操作功能,为了方便阅读分类列出如下:

(1)测试检查文件对象方法

boolean canExecute() 测试文件是否可以执行。

boolean canRead() 测试文件是否可以读取。

boolea canWrite() 测试文件是否可以写入。

boolean exists() 测试对象是否存在。

boolean isAbsolute() 测试对象的引用是否是一个绝对路径。

boolean isDirectory() 测试对象的引用是否是一个目录。

boolean isFile() 测试对象的引用是否是一个文件。

boolean isHidden() 测试对象的引用是否是一个隐藏的文件。

在对一个文件进行相关操作时,一般将进行检查,以确定是否可以执行操作。如果对不能执行的操作强行执行,系统将抛出异常。

(2)建立、删除和修改文件对象方法

boolean createNewFile() 利用当前对象定义的路径名建立新文件。若操作成功返回 true。

boolean mkdir() 利用当前对象指定的路径生成一个目录。若操作成功返回 true。

boolean mkdirs() 生成由当前对象表示的目录,其中包括所需要的父目录。若操作成功返回 true。

　　static File createTempFile(String prefix, String suffix) 建立以 prefix 指定名字、suffix 指定扩展名的临时文件。

　　boolean delete() 删除由当前对象表示的文件或目录。不能删除非空的目录，要想删除一个目录，必须先删除该目录下的所有文件，而后再删除该目录。若操作成功返回 true。

　　void deleteOnExit() 当程序结束时，删除当前 File 对象表示的文件或目录。

　　boolean renameTo(File dest) 当前对象表示的文件，将由 dest 所表示的名字替代。若操作成功返回 true。

　　boolean setReadOnly() 把当前对象表示的文件设置为只读。若操作成功返回 true。

　　(3)获取文件对象信息的方法

　　StringgetAbsolutePath() 获得对象引用的文件或目录的绝对路径。

　　String getName() 获得对象引用的文件或目录的名字。

　　String getParent() 获得对象引用的文件或目录的父目录名。

　　StringgetPath() 获得对象引用的路径包括文件名或目录名。

　　longlastModified() 获得对象表示的文件或目录最近一次被修改的时间(以毫秒计)。

　　long length() 获得对象引用的文件的字节长度。若返回 0 值，表示是一个目录。

　　String[] list() 如果当前对象引用的是一个目录，则将该目录下的成员名字放入字符串数组中并返回；如果引用的是一个文件，则返回 null。

　　File[] listFiles() 如果当前对象引用的是一个目录，则以该目录下的成员生成 File 对象放入对象数组中并返回；如果引用的是一个文件，则返回 null。

　　static File[] listRoots() 以根目录下的成员生成 File 对象放入对象数组中并返回，这是一个类方法。

　　限于篇幅，上边只列出了一些常用的方法，还有一些没有列出，需要时请参阅 JDK 文档。

4. File 对象的应用

　　在介绍了文件的上述基本功能之后，下边举两个例子说明 File 类的具体应用。

　　【例 8.7】从键盘上输入一个文件名字，检查该文件是否存在，如果是一个扩展名为.java 或.txt 的文本文件则输出文件的内容；如果是其他文件则显示其大小，否则显示文件不存在的信息。程序代码如下：

```
/*程序名 FileApp1.java  */
import java.io.*;
public class FileApp1{
    public void displayTextFile(File fobj) {   //显示文本文件方法
        try {
        BufferedReader buff=new BufferedReader(new FileReader(fobj));
        String line;
        while((line=buff.readLine())! =null) System.out.println(line);
        buff.close();
        }
        catch (IOException e) {
```

```
          System. out. println("Error: " + e. toString( ) ); }
      }
      public static void main(String args[ ]){
       try{
          BufferedReader buf=new BufferedReader(new InputStreamReader (System. in));
          System. out. print("请输入一个文件名: ");
          String fileName=buf. readLine( );                //从键盘上输入文件名
          File userFile=new File(fileName);               //创建 File 对象
          if(userFile. isFile()){
            if(fileName. endsWith(". java")||fileName. endsWith(". txt"){
            new FileApp1( ). displayTextFile(userFile); } //调用方法显示文件内容
            else {
              System. out. println(fileName+"文件大小"+userFile. length()); }
          }
          else{
              System. out. println(fileName+"不是一个文件");     }
              }
          catch(IOException e) { System. out. println(e. toString()); }
      }
    }
```

【例 8.8】在当前的目录下建立一个子目录 java_prg，将当前目录下的 Java 源程序文件复制到新建子目录下。程序代码如下:

```
/ * 程序名 FileApp2. java    */
import java. io. * ;
public class FileApp2{
   public void copyFile( File file, String dir){   //复制文件方法
   try   {
      BufferedReader buff=new BufferedReader( new FileReader(file));
      FileWriter   des=new FileWriter(dir+file. getName());
      String line;
      while((line=buff. readLine())! =null) des. write(line+"\n");
      buff. close();
      des. close();
   }
   catch (IOException e) {
      System. out. println("Error: " + e. toString()); }
   }
   public static void main(String args[]){
    File userFile = new File("./");              //以当前目录创建 File 对象
```

```
new File("./java_prg/").mkdir();              //在当前目录下创建子目录 java_prg
File[] fileArray=userFile.listFiles();         //将当前目录下的文件作为对象放入数组
FileApp2 thisobj=new FileApp2();              //创建本类对象
int n=0;
for(int i=0;i<fileArray.length;i++){
  String fileName=fileArray[i].getName();
  if(fileName.endsWith(".java")){
    thisobj.copyFile(fileArray[i],"./java_prg/");
    n++;
  }
}
System.out.println("总共有"+n+"个文件被复制!!!");
  }
}
```

请读者认真阅读上述程序,加深理解文件的应用并仿照上边的例子编写出文件删除及其他应用的程序。编译、运行程序并查看执行结果。

8.2.2　文件对话框(FileDialog)

在选择打开文件和保存文件的人机会话中,常常使用文件对话框。

1. 构造方法

构造文件对话框对象的常用方法如下:

FileDialog(Frame parent)　依附于 parent 窗口创建一个文件对话框。

FileDialog(Frame parent, String title)　依附于 parent 窗口以 title 为标题创建对象。

FileDialog(Frame parent, String title, int mode)创建文件对话框,其中 mode 指定对话框的方式,可以取如下类常数:

FileDialog.LOAD 表示打开文件对话框;

FileDialog.SAVE 表示保存文件对话框。

2. 对象常用方法

public String getDirectory()　获取当前文件对话框中所显示对象的目录。

public void setDirectory(String dir)　将 dir 指定的目录设置为对话框中显示的目录。

public Stirng getFile()　获取对话框中选定的文件的名称。

public void setFile(String file)　将 file 指定的文件设置为对话框中默认选定文件。

3. 应用举例

在实际应用中,我们常常需要查看、修改、备份一些程序文件或文本文件,下边举一个例子说明文件对话框的使用。

【例 8.9】设计如图 8.3 的用户界面,当单击"编辑文件"按钮时,显示打开文件对话框,选择要编辑的文件,并将选中的文件装入多行文本框供查看和编辑;当单击"保存文件"按钮时,显示保存文件对话框,指定文件的名字,便将文本框中的内容保存到指定的文件中。一旦选中或指定了文件,就在标签中显示该文件名。

程序的基本设计思想是，在用户输入界面上放置一个标签用于显示操作的文件名及信息；放置两个按钮用于打开文件和保存文件；一个多行文本框用于显示和编辑文件的内容。为了布局的方便，增加一个窗格容器（Panel）将两个按钮摆放到上边，所有布局都采用流布局。程序参考代码如下：

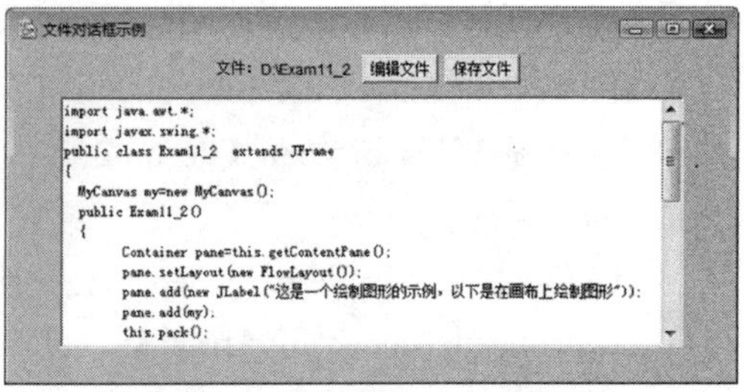

图 8.3 文件对话框示例程序界面

```
import java. io. * ;
import java. awt. * ;
import java. awt. event. * ;
import javax. swing. * ;
class File_Dialog extends JFrame implements ActionListener{
    Button bt1, bt2;
    TextArea text = new TextArea(12, 70);
    Label lb1 = new Label("执行下列操作", 1);
    FileDialog fileLoad, fileSave;
    public File_Dialog() {
        bt1 = new Button("编辑文件");
        bt2 = new Button("保存文件");
        Container pane = this. getContentPane();
        fileLoad = new FileDialog(this, "打开文件对话框", FileDialog. LOAD);
        fileSave = new FileDialog(this, "保存文件对话框", FileDialog. SAVE);
        pane. setLayout(new FlowLayout());
        JPanel p1 = new JPanel();
        p1. add(bt1);
        p1. add(bt2);
        bt1. addActionListener(this);
        bt2. addActionListener(this);
        pane. add(lb1);
        pane. add(p1);
        pane. add(text);
        this. setTitle("文件对话框示例");
        this. setVisible(true);
        this. setSize(600, 300);
        this. setDefaultCloseOperation(3);
    }
    public void actionPerformed(ActionEvent e) {
        if(e. getSource() == bt1) {
        fileLoad. setVisible(true);
```

```
String dir = fileLoad. getDirectory( );
String name = fileLoad. getFile( );
if ( name = = null)  { lb1. setText("你没有选定要编辑的文件: ");return; }
lb1. setText("编辑文件: "+dir+name);
try{
    BufferedReader buff = new BufferedReader( new FileReader( dir+name));
    String line;
    while( ( line = buff. readLine( ))! = null) text. append( line+' \n');
    buff. close( );
    }
catch(IOException ee)  { lb1. setText( ee. toString( )); }
}
else if ( e. getSource( )= = bt2) {
    fileSave. setVisible( true);
    String dir = fileSave. getDirectory( );
    String name = fileSave. getFile( );
    if ( name = = null)  { lb1. setText("你没有输入(选定)输出文件名!");return; }
    lb1. setText("保存文件的路径为"+dir+"文件名为"+name);
    try{
        FileWriter file = new FileWriter( dir+name);    //建立输出文件
        file. write( text. getText( ));                 //将文本框编辑的内容写入输出流
        file. close( );                                 //关闭输出流
        }
    catch(IOException ee)  { lb1. setText( ee. toString( )); }
    }
}
public static void main( String args[ ]){
    new File_Dialog( );
    }
}
```

请读者编译运行上述程序,检验程序的功能,掌握文件对话框的应用。

8.2.3　随机文件的读写

前面我们介绍的文件读写,都是按照顺序的方式进行读写的,即从文件的起始位置顺序地读写到文件的结束位置。有时候,我们希望直接获取某一指定位置的内容或将内容直接写入到指定的位置,使用顺序读写的方式显然比较麻烦。Java 在 java. io 包中提供了 RandomAccessFile 类,用于处理随机读取的文件。

下边我们简要介绍一下 RandomAccessFile 类的功能及应用。

1. RandomAccessFile 类的构造方法

RandomAccessFile 类的构造方法如下：

RandomAccessFile(File file, String mode) 以 file 指定的文件和 mode 指定的读写方式构建对象。

RandomAccessFile(String name, String mode) 以 name 表示的文件和 mode 指定的读写方式构建对象。

读写方式有如下几种：

(1)"r" 读方式。用于从文件中读取内容。

(2)"rw" 读写方式。既可从文件中读取内容也可向文件中写入内容。

(3)"rwd" 读写方式。每一次文件内容的修改被同步写入存储设备上。

(4)"rws" 读写方式。每一次文件内容的修改和元数据被同步写入存储设备上。

例如，创建一个读方式的随机文件对象：

RandomAccess rFile1 = new RandomAccess(new File("data1. dat"), "r");

创建一个读写方式的随机文件对象：

RandomAccess rFile2 = new RandomAccess("data2. dat", "rw");

2. RandomAccessFile 类的常用方法

RandomAccessFile 类提供了众多的方法，为了便于阅读比较，我们以如下方式列出：

(1)读写方法

八种基本类型数据对应的读写方法一般格式如下：

dataType readDataType( )

void writeDataType(dataType v)

其中，dataType、DataType 是八种基本类型之一。有所不同的是方法名中的类型字首字母大写，如：readByte、writeLong。

应该注意的是除了 Long 整型外，其他整数写方法 writeByte( )、writeChar( )和 writeShort( )均采用 int 参数。

除了八种基本类型数据对应的读写方法外，其他的读写方法如下：

int readUnsignedByte( ) 读入一个无符号字节数。

int readUnsignedShort( ) 读入一个无符号短整数。

intread(byte[ ] b) 从文件中读取内容，放入一个字节数组 b 中。

int read(byte[ ] b, int off, int len) 从文件中读取 len 字节，放入数组 b 从 off 开始的位置中。

StringreadUTF( ) 以 UTF-8 格式从文件中读取字符串。

StringreadLine( ) 从文本文件中读取一行文本。

void write(byte[ ] b) 将字节数组 b 写入文件中。

void write(byte[ ] b, int off, int len) 将数组从 off 位置开始的 len 个元素值写入文件。

void writeChars(String s) 以字符格式把字符串 s 写入文件。

void writeBytes(String s) 以字节格式把字符串 s 写入文件。

void writeUTF(String str) 以 UTF-8 格式把字符串 str 写入文件。

(2)有关文件位置方法

long getFilePointer( ) 获得文件的当前位置。

void seek(long pos) 定位文件到 pos 位置。

int skipBytes(int n) 从当前位置跳过 n 个字节。

(3)其他方法

void setLength(long newLength) 设置文件长度。

long length( ) 获得文件的长度。

void close( ) 关闭文件。

FileChannel getChannel( ) 获得对象的文件通道。

FileDescriptor getFD( ) 获得对象的文件描述符。

3. 应用举例

【例 8.10】设计学生登记程序,将登记输入的学生姓名、学号存入随机存取文件 student. txt 中。

程序的基本设计思想是,在用户输入界面上放置两个文本框,用于输入姓名和学号;放置两个按钮,一个用于将文本框中的学生信息写入随机文件中,另一个用于结束程序运行。程序代码如下:

```java
/* 程序名 Login. java */
import java. awt. * ;
import javax. swing. * ;
import java. awt. event. * ;
import java. io. * ;
    public class Login extends JFrame implements ActionListener{
    JTextField tStudentName;          //定义学生名字
    JTextField tStudentNo;            //定义学号
    JButton okButton, exitButton;     //定义操作按钮
    RandomAccessFile logFile;
    public Login( ){                   //构造方法
        this. setLayout( new GridLayout(3, 2) );
        tStudentName = new JTextField(10);
        tStudentNo = new JTextField(10);
        okButton = new JButton("登记");
        exitButton=new JButton("退出");
        this. add( new JLabel("姓名") );
        this. add( tStudentName );
        this. add( new JLabel("学号") );
        this. add( tStudentNo );
        this. add( okButton );
        this. add( exitButton );
        okButton. addActionListener( this );
        exitButton. addActionListener( this );
```

```
      try {
        logFile = new RandomAccessFile("student.txt", "rw");      }
      catch(IOException e) {
        JOptionPane.showMessageDialog(null, "文件错误: "+e, "提示信息", JOptionPane.
        PLAIN_MESSAGE); }
      this.pack();
      this.setVisible(true);
      this.setDefaultCloseOperation(this.EXIT_ON_CLOSE);
  } //构造方法结束
  public void actionPerformed(ActionEvent evt) {          //实现事件接口的方法
      Object obj = evt.getSource();
      try {
        if(obj == okButton)    {   //若点击了登记按钮
          String str1 = tStudentName.getText()+"---";        //取姓名值
          String str2 = tStudentNo.getText()+"        ";  //取学号值
          logFile.seek(logFile.length());                    //定位到文件尾
          logFile.writeUTF(str1.substring(0, 5));            //写入姓名
          logFile.writeUTF(str2.substring(0, 11));           //写入学号
          tStudentName.setText("");
        }
      else{                                        //若点击了退出按钮
        logFile.close();                           //关闭文件
        System.exit(0);                            //退出程序
        }
      }
      catch(IOException e) { System.out.println("Error: "+e);
      }
  }                                                //实现事件接口的方法结束
  public static void main(String args[]) {
      new Login();
  }                                                        //main()方法结束
}
```

注意: 由于汉字编码和其他字符编码不一样, 为了能够正确地随机获取每个学生的信息, 必须保证名字串的长度一致和学号串的长度一致, 因此在程序中进行了相关的处理。

【例 8.11】从运行上例建立的随机存取文件 student.txt 中, 抽查某位学生的信息, 检验随机文件的读取功能。程序代码如下:

```
/*程序名 CheckStudent.java */
import java.io.*;
public class CheckStudent{
```

```
public static void main(String args[ ]) {
  try{
    BufferedReader in= new BufferedReader(new InputStreamReader(System. in));
    RandomAccessFile logFile=new RandomAccessFile("student. txt","r");
    System. out. print("输入要查找学生的序号：");
    long n=Long. parseLong(in. readLine());           //从键盘上输入序号
    logFile. seek((n-1) * 30);                        //定位要查找的位置
    System. out. print(logFile. readUTF());           //输出姓名
    System. out. println(logFile. readUTF());         //输出学号
    in. close();                                      //关闭输入流
    logFile. close();                                 //关闭随机文件
  }
  catch(IOException e)    { System. out. println("ERROR："+e); }
  }
}
```

请读者编译运行上述程序，输入相应的数据，检验程序的正确性。

8.3　数据库(DataBase)

前边我们介绍了数据流及其文件的应用，使用文件处理了一些简单数据结构类型的数据。在实际应用中，经常会遇到一些比较复杂的数据结构对象，诸如企业的应用系统、学生注册系统、联机考试系统等，都需要处理大量复杂的数据信息，这就需要使用数据库进行处理。数据库文件中可以存放复杂的相关信息的集合，使用数据库管理系统——DBMS(DataBase Manage System)就可以方便地对数据库中的数据进行检索、添加和修改。DBMS 有很多种，当前最常用的是关系数据库管理系统——RDBMS(Relational DataBase Manage System)，MS-SQL Server、MS-Access、Oracle、Informix 等都属于 RDBMS。

本节并不专门介绍 DBMS 的知识，而是重点介绍在 Java 环境中如何使用数据库，对数据库中的数据进行查询(检索)、添加与修改的方法。

8.3.1　JDBC 技术

JDBC(Java DataBase Connectivity)是一套访问数据库的接口，它为数据库应用的开发人员提供了一组用于执行 SQL 语句操作数据库的标准 API。

我们知道，不同数据库可能使用不同的数据格式和不同的操作语法，没有一定的经验要想正确地操作各种数据库是比较困难的，要求每个程序设计者熟知各数据库的操作方法也是不太现实的(因为将耗费大量的时间)，其实也是毫无意义的。因为使用 JDBC，我们只需要了解 SQL 语句的语法及功能，而不必关心使用哪个数据库(Sybase、MS-SQL Server、MS-Access、Oracle、Informix 等)。JDBC 所做的三件事是与数据库建立连接、发送 SQL 语句进行数据库操作、获得操作的处理结果。

在介绍 JDBC 的技术实现之前，我们先看一下 Microsoft 的 ODBC(开放式数据库连接)，它可能是目前使用最广的、用于访问关系数据库的编程接口, 应用程序可以通过 ODBC 提供的 API 函数访问数据库(客户机上或远程服务器上的数据库)中的数据。它基本能在所有平台上连接几乎所有的数据库。

那么, Java 为什么不使用 ODBC 而采用 JDBC 呢? 原因之一是 ODBC 采用的是 C 语言接口, 从 Java 调用本地 C 代码存在安全性、稳固性和程序移植性等诸多方面的缺陷。其次是 ODBC 把简单和高级功能混在一起, 即使对于简单的查询, 选项也极为复杂, 比较难学。JDBC 尽量保证简单功能的简便性, 而同时在必要时允许使用高级功能。

与 Java 建立在 C/C++ 之上类似, JDBC 是建立在 ODBC 之上的, 它保留了 OBDC 的基本设计特征, 以 Java 的风格进行优化处理, 因此更易于使用。

在 Java 中使用 JDBC 访问数据库的体系结构如图 8.4 所示。下边我们简要介绍一下这四种方式。

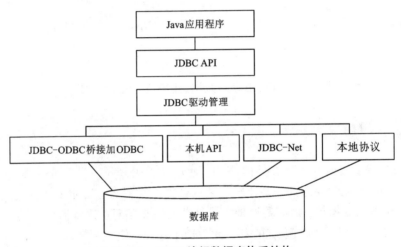

图 8.4   JDBC 访问数据库体系结构

(1)JDBC-ODBC 桥接加 ODBC 驱动器

尽管 ODBC 不适合直接在 Java 中使用, 但可以 JDBC-ODBC 桥接的方式使用。在这种类型的处理中, JDBC 驱动器通过调用 OBDC API 函数与后端数据库交互。这种类型的驱动器主要依赖于 OBDC API, 因此也要求使用它的客户端机器上也必须安装 OBDC API。

(2)本机 API-部分用 Java 编写的驱动器

它将 JDBC 调用转换为特定数据库系统的 SQL 语句。虽然所有的 DBMS 都遵循 SQL 标准与数据库交互, 但不是每一个 DBMS 都支持 SQL 的所有特性。因此它只与特定的 DBMS 进行交互。但在访问数据库时, 速度要比其他的驱动器快。

(3)JDBC-Net 纯 Java 的驱动器

它将 JDBC 函数调用转换为中间网络协议调用, 如 RMI、CORBA 或 HTTP 调用。中间网络协议再将这些调用翻译为标准 SQL 函数调用。

(4)本地协议纯 Java 的驱动器

这种类型的驱动程序将 JDBC API 调用直接转换为标准 SQL 函数调用。

8.3.2　JDBC 中的主要对象和接口

JDBC 建立在一系列接口和类的基础上，将它们的功能结合起来，使我们能够方便地操作数据库。在使用 JDBC API 操作数据库之前，我们先了解一些数据库的基本知识和 SQL 操作语句。

如前所述，编写应用程序与所使用的数据库无关，但所使用 JDBC 驱动器与操作环境还是有关的。下边将以 Windows 系统下的桌面数据库 Access 为例进行介绍。

1. 数据表

一般来说，关系数据库是由多个表组成的，各表之间体现相关的关联关系，表是我们主要操作的对象。在进行对数据库的操作之前，需要在 Access 下先建立一个学生数据库 student.mdb，该库中可以存放和管理学生的各种信息。限于篇幅，下边将针对一个学生注册登记的处理进行介绍。学生注册登记表如图 8.5 所示。

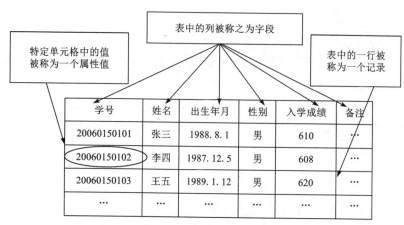

图 8.5　学生注册登记表

与日常工作中遇到各种各样的表格类似。一个数据库中的列数是固定的并且每一列存放数据项的数据类型是相同的，根据需要可以在表中添加任意多行（记录）。数据表的最大列和行的限制由所使用的 DBMS 而定。

对于学生注册登记表来说，第一列学号，是在校学生的唯一标识，可以字符串表示也可以 long 型数字序号表示，对于姓名、出生年月、性别和备注可用字符串表示，入学成绩可以 int 或 float 型表示。表中的每一行构成了一个实体，它是一些数据元素的集合，在这里我们把它称之为一个学生记录或学生对象。

2. SQL 简介

SQL（结构化查询语言）是国际公认的关系数据库访问的官方标准，数据库制造商都会遵循此标准的规范。下边我们以应用的方式简要介绍常用的主要语句。

（1）建立数据表 CREATE TABLE 或 ALTER TABLE 语句

我们要在 Student 数据库中建立学生注册表 student_login，语句格式如下：

CREATE TABLE student_login(

　学号 CHAR(11) NOT NULL PRIMARY KEY,

　　　　姓名 CHAR(10),

　　　　出生年月 CHAR(10),

　　　　性别 CHAR(2),

　　　　入学成绩 INT,

　　　　备注 CHAR(254));

　　其中学号是索引主键，创建记录时不能为空。使用索引主键的目的一是查找快，二是在创建过程中不允许重复的学号记录进入表中。

　　(2)插入记录 INSERT INTO~VALUES 语句

　　插入记录语句的一般格式如下：

　　INSERT INTO 数据表名　[(字段名表)]　VALUES (字段值列表)

　　例如，我们可以如下的格式在表中插入记录：

　　INSERT INTO student_login VALUES ("20060232101", "章三", "1989.1.2", "男", 615, "")

　　INSERT INTO student_login (学号, 姓名, 性别, 入学成绩) VALUES("20060232102", "李思", "女", 623)

　　第一个语句插入了所有项，字段值的插入顺序必须是字段的顺序；第二个语句插入了指定的四项，要求指定的字段和插入的值一一对应。

　　注意：在一条记录中不论插入几项，指定的顺序如何，都必须包括主键项学号，否则系统将抛出错误，插入失败。

　　(3)检索记录信息 SELECT~FROM~WHERE 语句

　　检索记录信息语句的一般格式如下：

　　SELECT　字段名列表 FROM　数据表名　[WHERE　检索条件]

　　例如，我们可以使用如下格式检索表中的学生记录信息：

　　SELECT ＊ FROM student_login

　　SELECT 学号, 姓名, 入学成绩 FROM student_login

　　SELECT ＊ FROM student_login WHERE 入学成绩>630

　　第一个语句列出表中所有学生的所有字段的值；第二个语句列出表中所有学生的学号、姓名及入学成绩；第三个语句列出表中满足入学成绩>630 条件的所有学生的信息。

　　(4)修改记录的值 UPDATE~SET~WHERE 语句

　　修改记录语句的一般格式如下：

　　UPDATE 数据表名 SET 字段名 1=值 1, …, 字段名 n=值 n　WHERE　修改条件

　　例如，我们可以如下格式修改某些学生记录的值：

　　UPDATE student_login SET 出生年月="1990.1.23" WHERE 学号="20060232102"

　　UPDATE student_login SET 性别="男", 入学成绩=625 WHERE 学号="20060232105"

　　第一个语句将学号为 20060232102 学生的出生年月修改为 1990.1.23；第二个语句将学号为 20060232105 学生的性别修改为男，入学成绩修改为 625。

　　(5)删除记录 DELETE~FROM~WHERE 语句

　　删除记录语句的一般格式如下：

　　DELETE FROM 数据表名 WHERE 删除条件

例如，要删除表中无用的学生记录可使用如下格式：

DELETE FROM student_login WHERE 学号 = "20060232108"

DELETE FROM student_login WHERE 入学成绩<500

第一条语句删除表中学号为 20060232108 的学生的记录；第二条语句删除表中入学成绩小于 500 的学生记录。

在了解了上边的基础知识之后，下边介绍使用 JDBC 访问数据库有关的类、对象和接口以及它们的应用。

3. 访问数据库相关的类、对象及接口

我们以使用 JDBC-ODBC 桥接加 ODBC 驱动器的方式介绍与数据库的连接。

（1）装入数据源驱动程序（Class. forName（）方法）

在 Java 中使用 JDBC 操作数据库的第一步是装入数据库驱动程序，可以使用 Class 类的 forName（）方法装入 JDBC-ODBC 桥接加 ODBC 驱动器程序。格式如下：

Class. forName（"sun. jdbc. odbc. JdbcOdbcDriver"）；

（2）数据库驱动程序管理器类（DriverManager）

DriverManager 类提供了在用户程序和数据库系统之间进行数据库与驱动程序之间的连接的功能。DriverManager 类常用的方法如下：

static void deregisterDriver（Driver driver）为数据库驱动程序管理器注册新的数据库驱动程序。

static Connection getConnection（String url, String user, String password）创建连接对象，建立与 url 指定的数据源的连接，并指定了使用该数据源的用户 user 及口令 password。

static Drive getDriver（String url）获取 url 指定的驱动程序。

（3）Connection 接口

一般情况下，使用 DriverManager 类的 getConnection（）方法获得 Connection 对象：

Connection con = DriverManager. getConnection（"jdbc：odbc：DataSource", "sa", ""）；

Connection 接口对象支持应用程序与数据库之间的会话过程，能够向连接的数据库提交 SQL 语句、获取查询结果等。其常用的几个方法如下：

voidcommit（）将定义的数据库事务过程提交数据库系统。

StatementcreateStatement（）创建 Statement 对象。

PreparedStatementprepareStatement（String sql）创建 PreparedStatement 对象。

voidrollback（）将数据库访问的事务过程回滚。

我们常常利用 Connection 对象创建 Statement 或 PreparedStatement 对象。

（4）Statement 接口

Statement 对象用于发送静态的 SQL 语句执行插入、查询、删除、修改数据表记录等操作。该对象常用的几个方法如下：

ResultSetexecuteQuery（String sql）执行查询，返回一个 ResultSet 结果集对象。

intexecuteUpdate（String sql）执行除查询之外的其他操作。

booleanexecute（String sql）可执行任意的 SQL 的操作，若返回 true，则执行结果是 ResultSet（可用本对象的 getResultSet（）方法获得结果集），否则，执行结果是一个修改计数（可用本对象的 getUpdateCount（）方法获得结果集）或其他。

ResultSetgetResultSet（）获得结果集对象。

　　intgetUpdateCount( ) 返回修改计数。

　　Statement 接口提供了众多的方法, 我们只列出了常用的几个, 要了解其他的方法, 请查阅相关的 JDK 文档。

　　到此为止, 我们已经可以编写完整的操作数据库的程序了, 下边先看两个示例。

　　【例 8. 12】建立一个数据库操作类。只要操作数据库, 就需要使用 JDBC 建立与数据库的连接, 下边建立一个单独的类, 在需要时生成该类对象即可。程序代码如下:

```
/* 数据库操作类 OperateDatabase. java */
import java. sql. * ;
public class OperateDatabase{
    Connection con;
    PreparedStatement prepare;
    Statement statement;
    public OperateDatabase(String datasource, String user, String pass){    //构造方法
     try{
        Class. forName("sun. jdbc. odbc. JdbcOdbcDriver");
        con=DriverManager. getConnection("jdbc: odbc: "+ datasource, user, pass);
      }
     catch(Exception ee){
        System. out. println("data source ERROR: "+ee);}
      }                                          //构造方法结束
    public int anyOperate(String   sqlStr){      //执行操作方法
     try{
        statement=con. createStatement();        //建立语句对象
        statement. execute(sqlStr );             //执行 Sql 操作
        return 1;                                //操作成功
      }
        catch(Exception err1){
          System. out. println("执行操作错误: "+err1);
          return 0;                              //操作失败
      }
      }                                  //执行操作方法结束
    }
```

　　在该类中定义了与连接数据库相关的三个属性、两个方法。在构造方法中建立与数据库的连接对象, 它接收三个参数: 数据源的名称、操作数据源的用户和口令; 在执行操作方法 anyOperate( )中建立 Statement 对象, 它接收字符串表示的 SQL 操作语句, 执行数据库操作。

　　【例 8. 13】在 student. mdb 数据库中添加一个学生注册数据表 studentlogin。

```
/* 程序名 CreateTable. java */
public class CreateTable{
```

```
    public static void main(String args[]) { //数据源为 StudentData, sa 为数据库操作员,
    无口令; 生成操作对象
    OperateDatabase obj = new OperateDatabase("StudentData", "sa", "");
    String str1 = "CREATE TABLE student_login(学号 CHAR(11) NOT NULL PRIMARY
    KEY, 姓名 CHAR(10), 出生年月 CHAR(10), 性别 CHAR(2), 入学成绩 INT, 备
    注 CHAR(254))";
    obj. anyOperate(str1); //执行对象的操作方法, 建立数据表 student_login
    }
}
```

在程序中使用了 ODBC 数据源, 它表示数据库 student. mdb, 关于 OBDC 数据源的配置,
将在后边介绍。

(5)PreparedStatement 接口

PreparedStatement 是 Statement 接口的派生接口, 它除了继承 Statement 接口的所有功能之
外, 自身还定义了许多方法。PreparedStatement 对象可以执行带参数的 SQL 语句, 使用起来
比较灵活, 在程序执行过程中可以动态调整提交执行的 SQL 语句的内容。

在 SQL 语句中可以包含用"?"代替的多个待定义参数, 这些参数将在 SQL 语句对象被提
交数据库系统执行之前, 用 PreparedStatement 对象的方法进行设置。PreparedStatement 提供
了设置各种类型参数的方法, 不再列出, 需要时可查阅相关的 JDK 文档。下边以在数据库中
插入记录为例简要介绍 PreparedStatement 接口对象的应用。

为了完善例 8.12 介绍的数据库操作类 OperateDatabase, 再在该类中添加一个插入记录方
法。程序代码如下:

```
/ * 该方法需要两个参数: 第一个是形如 insert into 表名 (字段列表)values(?, ?, …, ?)
形式的 SQL 语句串; 第二个参数是一个字符串数组, 放的是要插入数据表中的记录的各字
段值。
 */
public int insert(String insertSql, String [ ] values ) {     //插入记录
  try {
  prepare = con. prepareStatement(insertSql);                  //建立语句对象
  for(int i=0; i<values. length; i++) prepare. setString(i+1, values[i]);
  prepare. execute();                                         //执行 Sql 操作
  return 1;                                                   //插入成功
  }
  catch(Exception err)
  {
    System. out. println("插入记录错误"+err);
    return 0;                                                 //插入失败
  }
}                                                             //插入记录结束
```

下边我们看一个应用示例。

【例 8.14】根据图 8.6 编写一个学生注册登记类。程序代码如下：

图 8.6　学生注册登记界面

```
/*学生注册登记类 StudentLogin. java */
import java. awt. * ;
import javax. swing. * ;
import java. awt. event. * ;
public class StudentLogin extends JFrame implements ActionListener{
    JTextField tNo, tName, tBirthday, tSex, tScore, tRemarks;
    JLabel lNo, lName, lBirthday, lSex, lScore, lRemarks;
    JButton okButton, exitButton;
    OperateDatabase op1 = new OperateDatabase("StudentData", "sa", "");
    public StudentLogin( ) {                           //构造方法
        Container content = this. getContentPane( );
        content. setLayout( new GridLayout(4, 4));
        lNo = new JLabel("学号");
        tNo = new JTextField(11);
        lName = new JLabel("姓名");
        tName = new JTextField(10);
        lBirthday = new JLabel("出生年月");
        tBirthday = new JTextField(10);
        lSex = new JLabel("性别");
        tSex = new JTextField(2);
        lScore = new JLabel("入学成绩");
        tScore = new JTextField(5);
        lRemarks = new JLabel("备注");
        tRemarks = new JTextField(16);
        okButton = new JButton("注册");
        exitButton = new JButton("退出");
        content. add(lNo);
        content. add(tNo);
        content. add(lName);
        content. add(tName);
```

```
        content. add( lBirthday) ;
        content. add( tBirthday) ;
        content. add( lSex) ;
        content. add( tSex) ;
        content. add( lScore) ;
        content. add( tScore) ;
        content. add( lRemarks) ;
        content. add( tRemarks) ;
        content. add( new JLabel( ) ) ;
        content. add( okButton) ;
        content. add( exitButton) ;
        content. add( new JLabel( ) ) ;
        okButton. addActionListener( this) ;
        exitButton. addActionListener( this) ;
        this. pack( ) ;
        this. setVisible( true) ;
        this. setDefaultCloseOperation( this. EXIT_ON_CLOSE) ;
    }                                         //构造方法结束
    public void actionPerformed( ActionEvent evt) {    //事件方法
      Object obj = evt. getSource( ) ;
       try {
         if( obj = = okButton) {
         String str1 = "insert into student_login values( ?, ?, ?, ?, ?, ?)" ;
         String [ ] values = new String[ 6 ] ;
         values[ 0 ] = tNo. getText( ) ;
         values[ 1 ] = tName. getText( ) ;
         values[ 2 ] = tBirthday. getText( ) ;
         values[ 3 ] = tSex. getText( ) ;
         values[ 4 ] = tScore. getText( ) ;
         values[ 5 ] = tRemarks. getText( ) ;
         op1. insert( str1, values) ;       //调用对象插入方法, 在数据表中插入一个记录
         tNo. setText( "") ;
         tName. setText( "") ;
         tScore. setText( "0") ;
    }
else    {
       System. exit( 0) ;    }
  }
catch( Exception e) {
```

```
          System. out. println("Error："+e)；}
    }                                //事件方法结束
}
```

一般情况下，我们常把一些功能编成单独的类文件，以便在别处重复地使用它。为了测试学生注册登记类的使用，我们可给出如下测试程序：

```
public class testLogin{
    public static void main(String [ ] args) {
        new StudentLogin( );
    }
}
```

（6）ResultSet 接口对象

使用数据库存储数据信息，目的就是方便数据信息的查询和利用。因此数据库的查询操作是最常用也是最重要的功能之一。在使用语句对象执行对数据库的查询操作后能够返回查询结果集 ResultSet 对象，结果集类似于数据表也以行、列的形式表现，该对象提供了获取行、列信息和结果的各种方法。下边我们只列出常用的几个方法，要了解更多的内容，请参阅相关的 JDK 文档。

Next( ) 光标向后移动一行；

Prvious( ) 光标向前移动一行。

getXXX(int index) 获取结果集当前行中 index 列的值（列从 1 开始计数）。其中 XXX 为数据类型名，诸如 Byte、Double、Float、Int、Long、Short、String、Date 和 Time 等。

下边举例简要说明 ResultSet 对象的应用。

我们采取逐步完善 OperateDatabase 类的方法，再添加一个查询记录方法。程序代码如下：

```
public ResultSet query(String queryStr){    //查询方法，queryStr 为 SQL 查询语句串
    try{
        statement = con. createStatement( )；    //创建语句对象
        ResultSet rs = statement. executeQuery(queryStr)；    //执行查询操作
        return rs；                              //返回查询结果集
    }
    catch(Exception err){
        System. out. println("取数据 ERROR："+err)；
        return null；                            //查询失败，返回空
    }
}//查询方法结束
```

下边我们写一个测试查询方法的应用程序。

【例 8.15】 测试查询方法并显示学生注册表中的学生信息。程序代码如下：

```
import java. sql. * ；
    public class TestQuery{
    public static void main(String args[ ]){
```

```
OperateDatabase op1 = new OperateDatabase("StudentData", "sa", "");
ResultSet rs = op1. query("select  *  from student_login");
 try{
   while(rs. next()){
   for(int i = 1; i <= 6; i++){
    System. out. print(rs. getString(i). trim()+" \t"); }      //输出各列值
      System. out. println();
    }
  }
  catch(Exception err)   {    System. out. println(err); }
  }
}
```

综上所述，使用 JDBC 方法操作一个数据库的基本流程(如图 8.7 所示)已经勾画出来了。

有了上边介绍的知识之后，我们就可以在 Java 程序中实施对数据库的操作访问。由于使用的环境不同以及使用的 JDBC 驱动器不同，所以实施访问数据库的操作步骤也可能有所不同。下边我们就以上边介绍的使用 OBDC 数据源访问操作数据库。

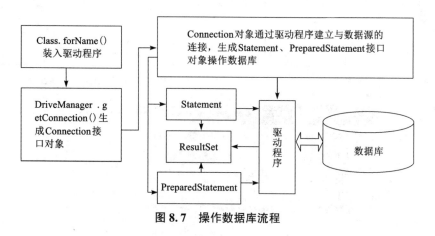

图 8.7 操作数据库流程

8.3.3 ODBC 数据源的安装与设置

上一节我们介绍了 JDBC 的主要接口和对象以及使用它们访问数据库的应用。由于在上边介绍的程序中使用了 JDBC-ODBC 桥接加 ODBC 驱动器，因此在执行程序访问数据库之前，必须在系统下安装与设置 ODBC 数据源。

下边，我们以 Windows XP 系统为例，将前边建立的 Access 数据库 student 设置为要操作的 ODBC 数据源，具体设置步骤如下：

（1）打开"控制面板"→"性能和维护"→"管理工具"→"数据源(ODBC)"，出现如图 8.8 的"ODBC 数据源管理器"界面。

（2）单击"添加"按钮，弹出如图 8.9 的"创建新数据源"对话框，选择驱动程序 Microsoft Access Driver(*.mdb)。

　　(3) 单击"完成"按钮，在弹出如图
8.10"OBDC Microsoft Access 安装"的对话
框中输入自己命名的数据源：StudentData。
然后单击"选择(S)…"按钮，在弹出的"选
择数据库"对话框中，选择 student 数据库。
单击"确定"按钮，关闭"选择数据库"对话
框，返回到"OBDC Microsoft Access 安装"对
话框。

　　(4)单击"确定"按钮，返回到 OBDC 数
据源管理器对话框，如图 8.11 所示。

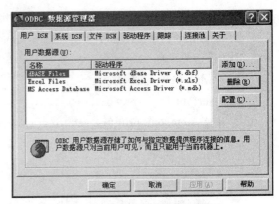

图 8.8　ODBC 数据源管理器

图 8.9　创建新数据源

图 8.10　OBDC Microsoft Access 安装

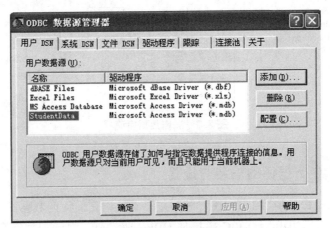

图 8.11　ODBC 数据源管理器

　　这时，我们已看到数据源 StudentData 的名字已出现在列表中。到此为止，我们已经完成
OBDC 数据源安装与设置。关闭窗口，返回到 Java 环境中去实现对数据库的操作。

8.3.4　应用实例

　　在前边我们已在 OperateDatabase 类中添加了一般操作方法 anyOperate( )、插入记录方法
insert( )和查询记录方法 query( )，并对这些方法编写了应用测试程序。现在环境已经完善，

可以调试执行它们了。请读者自行编译、执行它们并检验执行结果，以加深对使用 JDBC 操作数据库的认识和理解。

作为一个比较简单、较为完整的操作数据库类 OperateDatabase，再加入以下两个方法：修改记录方法 modify() 和删除记录方法 delete()。程序代码如下：

```
public int modify(String modiStr, String[ ] values){          //修改记录
    try{
        prepare = con. prepareStatement(modiStr);             //创建语句对象
        for(int i=1; i<=values. length; i++) prepare. setString(i, values[i-1]);
        prepare. execute();                                   //执行操作
        return 1;                                             //修改成功
    }
    catch(Exception err){
        System. out. println("数据库修改操作失败!!!"+err);
        return 0;                                             //修改失败
    }
}
public int delete(String tabName, String cond){               //删除记录方法
    try{
        String sqlstr="DELETE FROM "+tabName+" WHERE    "+cond;
        statement = con. createStatement();
        statement. execute(sqlstr);
        return 1;                                             //删除成功
    }
    catch(Exception err){
        System. out. println("删除记录失败: "+err);
        return 0;                                             //删除失败
    }
}                                                             //删除记录方法结束
```

在完善了操作数据库类 OperateDatabase 的插入、删除、查看和修改方法之后，我们再看一些具体应用的示例。前边我们介绍了在数据库中添加数据表以及在数据表中添加记录和查看记录数据的应用示例，下边以图形用户界面的形式介绍数据的查询、修改及删除操作。

【例 8.16】编写如图 8.12 的用户界面程序，查询学生注册信息。

程序的基本处理思想是，在用户界面上放置两个窗格容器：一个窗格中显示学生的信息；另一个窗格放置用于输入查询条件的控件和操作按钮。程序代码如下：

```
/* 查询学生信息程序 StudentQuery. java */
import java. awt. * ;
import javax. swing. * ;
import java. awt. event. * ;
import java. sql. * ;
```

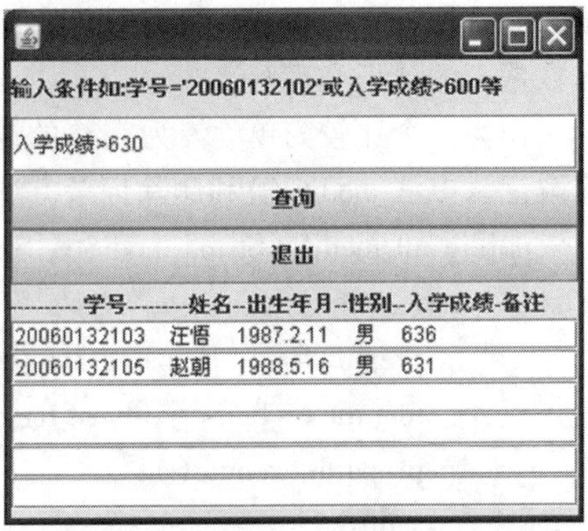

public class StudentQuery extends JFrame implements ActionListener{

    JTextField [ ] value=new JTextField[6]; //一次可显示 6 个学生信息

    JTextField condition = new JTextField(10);
//输入查询条件框

    JButton queryButton，exitButton；//查询按钮和退出按钮

    JPanel panel1，panel2；//panel1 放置条件输入框和按钮 panel2 显示学生信息

    OperateDatabase op1 = new OperateDatabase("StudentData"，"sa"，"")；//操作对象

图 8.12　学生信息查询界面

```java
public StudentQuery(String cond){        //构造方法，参数为查询条件
  Container content=this. getContentPane();      //获得 JFrame 的容器
  content. setLayout(new GridLayout(2，1));     //以上下在容器上摆放两个 JPanel
  if(cond! =null){                 //如果带条件串构造对象
     condition. setText(cond);      //则不需要再输入条件，将参数条件串设置为条件
     condition. setEditable(false)；  //设置条件框是不可输入的
  }
  for(int i=0; i<value. length; i++) value[i] = new JTextField(30)；
  queryButton = new JButton("查询")；
  exitButton = new JButton("退出")；
  panel1=new JPanel(new GridLayout(4，1))；//以 4 行 1 列在 panel1 上摆放构件
  panel2=new JPanel(new GridLayout(7，1))；//以 7 行 1 列在 panel2 上摆放构件
  panel1. add(new JLabel("输入条件如：学号='20060132102' 或入学成绩>600 等"))；
  panel1. add(condition)；      //在 panel1 上摆放构件……
  panel1. add(queryButton)；//……
  panel1. add(exitButton)；    //……
  panel2. add(new JLabel("----------学号----------姓名--出生年月--性别--入学成绩-备注"))；  //在 panel2 上摆放构件
  for(int i=0; i<value. length; i++) panel2. add(value[i])；  //………
  content. add(panel1)；    //将 panel1 摆放到 JFrame 的容器上
  content. add(panel2)；    //将 panel2 摆放到 JFrame 的容器上
  queryButton. addActionListener(this)；//注册按钮的监听对象
  exitButton. addActionListener(this)；    //……
  this. pack()；
  this. setVisible(true)；
  this. setDefaultCloseOperation(this. EXIT_ON_CLOSE)；
}
```

```
public void actionPerformed( ActionEvent evt) { //实现单击按钮事件方法
  Object obj = evt. getSource( ); //获得事件源对象
  if( obj = = queryButton) {
   panel1. setVisible( false) ; //隐藏 panel1 上构件的功能, 保证本查询完成
   try
   { String cond=condition. getText( ). trim( ) ;    //获得查询条件
    if( cond. length( )>1) cond=" where "+cond; //若输入有条件, 则相应处理
    String sqlstr=" select  * from student_login "+cond; //组成 SQL 查询串
    ResultSet rs=op1. query( sqlstr) ;           //执行查询, 返回结果集
    int count=0;                     //设置显示计数
    while( rs. next( ) ) {               //当结果集中有数据时, 逐行输出
     String str="" ;
     for( int i=1; i<=6; i++)
     { String temp=rs. getString( i) ;         //处理读出的字段值
      if( temp= =null) temp=" " ;        //处理空指针内容
      str=str+temp. trim( )+"        " ;     //形成输出串
     }
     value[ count]. setText( str) ;         //输出一个学生的信息
     count++;                  //计数加 1
      if( count>=value. length)        //已达到最大计数, 即输出位置已满
      { count=0;                //计数重新开始, 输出剩余的记录
       JOptionPane. showMessageDialog( null, "下一屏!", "提示信息", JOption
       Pane. PLAIN_MESSAGE) ; //输出提示信息, 按键继续剩余记录的输出
      }
    }
    for( ; count<value. length; count++) value[ count]. setText( "") ; //清除重叠
   }
   catch( Exception e) { System. out. println( "Error: "+e) ; }
   panel1. setVisible( true) ;
  }
  else {   System. exit( 0) ; }
 }
 public static void main( String   args[ ])   //main( )方法
 { new StudentQuery( null) ; }   //main( )方法结束
}
```

请读者自行编译、运行该程序, 查验一下执行结果。当然, 我们也可以去掉 main( )方法, 生成单个类, 以便在其他地方引用。

【例 8. 17】编写如图 8. 13 的用户界面程序, 修改学生的注册信息。

程序的基本处理思想和上例类似, 用户界面上放置了三个窗格, 第一个窗格上放置用于

图 8.13　修改学生的注册信息界面

输入学号的文本框控件和用于查询要修改学生记录的按钮控件，在输入学号和单击"查询"按钮后，若查找的学生不存在，则提示不存在的信息；否则在第二个窗格中显示学生的信息，在第三个窗格中显示修改和不修改按钮；若单击"不修改---下一个"按钮，则隐藏第二个和第三个窗格，回到第一个窗格重新操作；若修改，则在第二个窗格修改学生的相关信息，然后单击"修改后保存"按钮完成修改操作，隐藏第二、第三窗格回到第一个窗格开始下一次操作。程序代码如下：

```
/*修改学生信息程序 StudentModify. java */
import java. awt. * ;
import javax. swing. * ;
import java. awt. event. * ;
import java. sql. * ;
public class StudentModify extends JFrame implements ActionListener
{ JTextField [ ] value = new JTextField[6];
    JLabel [ ] fieldName = new JLabel[6];
    JButton modifyButton, queryButton, nextButton;
    JPanel panel1, panel2, panel3;
    OperateDatabase op1 = new OperateDatabase("StudentData", "sa", "");
    JTextField studentNo = new JTextField(11);                       //记录输入的学号
    public StudentModify()
    {   Container content = this. getContentPane();
        content. setLayout(new GridLayout(3, 1));
        fieldName[0] = new JLabel("学号");
        fieldName[1] = new JLabel("姓名");
        fieldName[2] = new JLabel("出生年月");
        fieldName[3] = new JLabel("性别");
        fieldName[4] = new JLabel("入学成绩");
        fieldName[5] = new JLabel("备注");
        for(int i = 0; i<6; i++)   value[i] = new JTextField(10);
        queryButton = new JButton("查询");
        nextButton = new JButton("不修改---下一个");
        modifyButton = new JButton("修改后保存");
        panel1 = new JPanel(new GridLayout(1, 3));                    //创建窗格对象……
```

```
panel2 = new JPanel( new GridLayout( 2, 6) );
panel3 = new JPanel( new GridLayout( 1, 2) );
panel1. add( new JLabel( "输入要修改内容信息的学生的学号: ") ); //将构件加入
窗格……
panel1. add( studentNo) ;
panel1. add( queryButton) ;
for( int i = 0; i<6; i++) panel2. add( fieldName[ i] ) ;
for( int i = 0; i<6; i++) panel2. add( value[ i] ) ; content. add( panel1) ;
panel3. add( nextButton) ;
panel3. add( modifyButton) ;
content. add( panel1) ;                     //将窗格加入用户界面(框架容器)……
content. add( panel2) ;
content. add( panel3) ;
panel2. setVisible( false) ;                 //隐藏 panel2
panel3. setVisible( false) ;                 //隐藏 panel3
queryButton. addActionListener( this) ;      //注册按钮的监听对象……
modifyButton. addActionListener( this) ;
nextButton. addActionListener( this) ;
this. pack( ) ;
this. setVisible( true) ;
this. setDefaultCloseOperation( this. EXIT_ON_CLOSE) ;
}
public void actionPerformed( ActionEvent evt)    //实现单击按钮的事件方法
{ Object obj = evt. getSource( ) ;
  try
  { if( obj = = queryButton)                      //查看要修改的记录
    {
      String sqlstr = " select  *  from student_login where 学号 = ' " +studentNo. getText( )
      +"' " ;
      ResultSet rs = op1. query( sqlstr) ;
      if( rs. next( ) )
        { for( int i = 0; i<value. length; i++)
          value[ i]. setText( rs. getString( i+1) ) ; //显示字段项
          panel2. setVisible( true) ;
          panel3. setVisible( true) ;
      }
        else {
        JOptionPane. showMessageDialog( null, "无此学号, 请重新输入!", "提示信
        息", JOptionPane. PLAIN_MESSAGE) ; }
```

```
            }
          else
          {if( obj = = modifyButton) //单击了修改按钮
            { String modiStr = "update student_login set 学号 = ?, 姓名 = ?, 出生年月 = ?, 性别
              = ?, 入学成绩 = ?, 备注 = ? where 学号 = ?";
            String[ ] mvalues = new String[7];
            for( int i = 0; i<value. length; i++) mvalues[i] = value[i]. getText( );
            mvalues[6] = studentNo. getText( );
            int n = op1. modify( modiStr, mvalues);
            String mes = "遇到操作错误, 记录修改失败!!!";
            if( n = = 1) mes = "记录已被成功修改!!!";
            JOptionPane. showMessageDialog( null, mes, "操作提示信息", JOptionPane.
            PLAIN_MESSAGE);
            }
          panel2. setVisible( false);
          panel3. setVisible( false);
         }
       }
     catch( Exception e) { System. out. println( "Error: " +e); }
     } //事件方法结束
     public static void main( String args[ ]) //主方法
     {     new StudentModify( );     }
  }
```

【例 8.18】编写如图 8.14 的用户界面程序, 删除学生的注册信息。

程序的基本处理思想和前边的示例相同, 需要在用户界面容器上摆放如下三个构件: 一个 JLabel 用于如何输入条件格式的提示信息; 一个 JttextField 用于输入删除条件和一个 JBbutton 的操作按钮。程序代码如下:

图 8.14   删除学生注册信息的用户界面

/ * 删除学生信息程序 StudentDelete. java * /

import java. awt. * ;

import javax. swing. * ;

import java. awt. event. * ;

```java
import java. sql. * ;
public class StudentDelete extends JFrame implements ActionListener
{
    OperateDatabase op1 = new OperateDatabase("StudentData", "sa", "");
    JTextField condition = new JTextField(11);               //删除条件
    JButton deleteButton;
    public StudentDelete( )                                  //构造方法
    {   Container content = this. getContentPane( );
        content. setLayout(new GridLayout(3, 1));
        deleteButton = new JButton("删除");
        content. add(new JLabel("输入删除条件，如：学号 = '20060132102' 或 入学成绩>
        600 等"));
        content. add(condition);
        content. add(deleteButton);
        deleteButton. addActionListener(this);
        this. pack( );
        this. setVisible(true);
        this. setDefaultCloseOperation(this. EXIT_ON_CLOSE);
    }//构造方法结束
    public void actionPerformed(ActionEvent evt){    //单击按钮事件方法
    Object obj = evt. getSource( );
        try{
            if( obj = = deleteButton){
                int n = op1. delete("student_login", condition. getText( ));
                String mess = "删除记录操作失败!";
                if( n>=1) mess = "记录已被成功删除!";
                else if( n = = 0) mess = "没有满足条件的记录";
                JOptionPane. showMessageDialog(null, mess, "操作提示信息", JOptionPane.
                PLAIN_MESSAGE);
            }
        }
    catch( Exception e) { System. out. println("Error：" +e); }
    }                                               //单击按钮事件方法结束
    public static void main(String   args[ ] ) //main( )主方法
    {   new StudentDelete( );
    }             //main( )主方法结束
}
```

本章小结

在本章中我们讨论了数据流的输入输出、文件对象和数据库操作等内容。信息的输入输出操作是程序设计的重要组成部分。

Java 将各种操作系统下的文件抽象为 File 对象，并提供了读写、创建以及获取文件属性等方法，极大地降低了对操作系统本身的依赖性。

我们重点介绍了 Java 数据库访问技术中有关的对象和接口，并利用相关对象编写了基于 JDBC-ODBC 方式的数据库访问实用程序。在应用系统中，信息的处理离不开数据库，尽管我们不需要了解数据库的细节，但我们必须熟悉要操作的数据表的内容以及与操作数据表相关的 SQL 语句。

本章重点：流、文件对象的功能及应用，数据库访问数据源的设置及相应程序设计的方法。

通过本章的学习要掌握 JDK API 中流、File 对象的应用，使用它们对不同的类型文件进行不同的读写处理；掌握 JDBC 应用技术，正确配置 ODBC 数据源，实现对数据表的各种操作。

习题 8

一、选择题

1. 字符流与字节流的区别是(　　　)

A. 每次读入的字节数不同　　　　　　B. 前者带有缓冲，后者没有

C. 前者是块读写，后者是字节读写　　　D. 二者没有区别，可以互换使用

2. 要从文件"file. dat"中读出第 10 个字节到变量 c 中，下列哪个方法适合?(　　　)

A. FileInputStream in = new FileInputStream("file. dat"); in. skip(9); int c = in. read( )

B. FileInputStream in = new FileInputStream("file. dat"); in. skip(10); int c = in. read( )

C. FileInputStream in = new FileInputStream("file. dat"); int c = in. read( )

D. RandomAccssFile in = RandomAccssFile("file. dat", "r"); in. seek(9); int c = in. read( )

3. Java 中哪个类提供了随机访问文件的功能?(　　　)

A. RandomAccessFile 类　　　　　　B. RandomFile 类

C. File 类　　　　　　　　　　　　D. AccessFile 类

4. 下列哪一组代码能把当前日期写入文件"Date. txt"?(　　　)

A. FileOutputStream fileStream = new FileOutputStream("Date. txt");

　ObjectInputStream objInStream = new ObjectInputStream(fileStream);

　Date ourDate = new Date( );

　ObjInStream. writeObject(ourDate)

B. FileOutputStream fStream = new FileOutputStream("Date. txt");

　ObjectOutputStream oStream = new ObjectOutputStream(fStream);

　Date ourDate = new Date( );

　oStream. writeObject((Date)ourDate)

C. ObjectOutputStream oStream＝new ObjectOutputStream（"Date. txt"）；

　　Date ourDate＝new Date（ ）；

　　oStream. writeObject（（Date）ourDate）

D. FileOutputStream fStream＝new FileOutputStream（"Date. txt"）；

　　PrintOutputStream oStream＝new PrintOutputStream（"fStream"）；

　　Date ourDate＝new Date（ ）；

　　oStream. println（urDate）

5. 在一个数据库程序中，一个 Statement 对象表示着什么？（　　　）

A. 一个到数据库的连接　　　　　B. 用 SQL 编写的一个数据库查询

C. 一个数据源　　　　　　　　　D. 一种数据状态

6. 关于 JDBC API 说法不正确的是（　　　）

A. 是 JDK 的一部分　　　　　　B. 能使 Java 应用于数据库通信

C. 是一种低级接口　　　　　　　D. 不可用于三层数据库构架

7. 代码 Class. forName（"sun. jdbc. odbc. JdbcOdbcDriver"）；的作用是（　　　）

A. 查找 sun. jdbc. odbc. JdbcOdbcDriver 类

B. 创建 sun. jdbc. odbc. JdbcOdbcDriver 类

C. 加载 sun. jdbc. odbc. JdbcOdbcDriver 类

D. 命名 sun. jdbc. odbc. JdbcOdbcDriver 类

8. 执行 Statement 对象的 executeQuery（）方法，将返回哪种数据类型？（　　　）

A. 一个 ResultSet 对象　　　　　B. 一个整型值

C. 一个 boolean 类型值　　　　　D. 一个 ResultSetMetaData 对象

二、问答题

1. 流的含义是什么？根据程序输送数据的方式，流分为哪两种类型？

2. 什么是数据库？简述常用的关系型数据库有哪些。

3. JDBC 的功能和特点是什么？JDBC 操作数据库的方法步骤是什么？

4. 什么是文件对象？它有什么作用？

5. 如何设置数据源？

三、编程题

1. 设计一程序，将一个文本文件读出并统计行数、字符串数和字符个数。

如：this is my

data text file。

共有 2 行、6 个单词、27 个字符（注意，第一行有 12 个字符，空格、回车、换行符也算）。

2. 设计程序，将上例源程序复制到一个新的文件中。

3. 设计程序，从键盘输入学生的姓名、学号和一门课的成绩，保存到一文件中，直到输入空字符串为止。

从上述文件中读出成绩并求最大、最小和平均成绩。

4. 使用 Access 创建一数据库，其中的 student 表包含学生有关成绩信息，设计程序，将其中计算机成绩大于 80 分的学生信息读出来。

5. 在上例的表中，更新某个学生的英语成绩，并添加一个学生信息。

第9章　异常处理

一般来说，程序在运行过程中各种情况都有可能发生，出现错误是难免的，有些错误是不可挽救的，如系统崩溃、电源故障等；而大多数错误是可以避免的，如要求的设备没有准备好、读取的文件不在指定的目录中等。程序设计人员应预先估计可能出现错误的情况，并针对这些情况在程序中进行相应的处理。这在 Java 中被称为异常处理。在本章中，我们将主要介绍异常类和异常处理。

9.1　异常

任何一个程序，我们都不能说它是绝对安全的、正确无误的。因为除了那些明显可能造成的错误外，还有输入错误、不可预见的条件错误和大量的运行环境所造成的错误等。尤其，Java 是一个网络编程的语言，网络中可能出现不可预见的情况更多一些，例如，一个用户、10 个用户、100 个用户访问一个应用系统可能是正常的，但更多的用户访问它就有可能不正常了。要保证程序的质量，就必须在程序中处理可能发生的各种错误。

所谓异常(Exception)又被称之为例外，就是指在程序运行过程中可能会发生的各种各类的错误，如系统类异常、运算类异常[数组下标越界、除数为零、算术溢出(即超出了数值的表达范围)等]、I/O 类异常、网络类异常等等。

为了处理异常，Java 中定义了很多异常类，每个异常类代表了一种运行异常，类中定义了程序中可能遇到的异常条件及异常信息等内容。下边简要介绍一下异常类及异常处理机制。

9.2　异常类

Java 使用错误或异常来指示处理程序时出现错误的情况，java. lang 包中的 Throwable 类及其子类定义了 Java 程序中可能发生的错误和异常。其类的层次结构如下：

```
|-java. lang. Throwable
  |-java. lang. Error
    |-java. lang. AssertionError
    |-java. lang. LinkageError
    ……
  |-java. lang. ThreadDeath
```

```
        |-java. lang. VirtualMachineError
        ......
    |-java. lang. Exception
        |-java. lang. ClassNotFoundException
        |-java. lang. CloneNotSupportedException
        |-java. lang. IllegalAccessException
        |-java. lang. InstantiationException
        |-java. lang. InterruptedException
        |-java. lang. NoSuchFieldException
        |-java. lang. NoSuchMethodException
        |-java. lang. RuntimeException
            |-java. lang. ArithmeticException
            |-java. lang. ArrayStoreException
            |-java. lang. ClassCastException
            |-java. lang. EnumConstantNotPresentException
            |-java. lang. IllegalArgumentException
                |-java. lang. IllegalThreadStateException
                |-java. lang. NumberFormatException
            |-java. lang. IllegalMonitorStateException
            |-java. lang. IllegalStateException
            |-java. lang. IndexOutOfBoundsException
                |-java. lang. ArrayIndexOutOfBoundsException
                |-java. lang. StringIndexOutOfBoundsException
            |-java. lang. NegativeArraySizeException
            |-java. lang. NullPointerException
            |-java. lang. SecurityException
            |-java. lang. TypeNotPresentException
            |-java. lang. UnsupportedOperationException
```

从上边类的层次结构可以看出，Throwable 类是所有错误(Error)和异常(Exception)类的父类。

Error 及其子类定义了系统或运行环境所产生的错误，所谓错误，一般都是严重的问题。在程序的运行中，它的产生是不可预料的，即便知道错误产生了，也没有办法去处理它。这是一类在程序中不应该也不能够捕捉和处理的错误。因此本章对它不作介绍。

Exception 及其子类定义了所有常规的异常，这类异常发生的概率相对较高。事实上，我们也可把它划分为两种：一种是 Java 编译器在编译生成类代码时发现错误所产生的异常，这种异常大家都遇到过，也都处理过，也就是按照异常显示的出错信息和出错行，修改程序再进行编译就是了；另一种是在程序运行过程中发生错误而产生的异常。我们在程序中要捕捉和处理的就是这种异常。

下边我们先介绍一下 Throwable 类的功能。

1. 构造方法

构造 Throwable 对象的方法如下：

（1）public Throwable() 创建一个新对象，详细消息为 null。

（2）public Throwable(String message) 创建一个新对象，详细消息为 message。

（3）public Throwable(String message，Throwable cause) 创建一个新对象，详细消息为 message 和 cause。与 cause 相关的消息不是被自动合并到新对象的详细消息中来的。

（4）public Throwable(Throwable cause) 创建一个新对象，详细消息为 cause。

2. 方法

Throwable 类提供的方法如下：

（1）public String getMessage() 返回此对象的详细消息字符串。

（2）public String getLocalizedMessage() 返回对象的本地化描述。默认同 getMessage()。

（3）public Throwable getCause() 返回对象的 cause，如果 cause 不存在或未知，则返回 null。

（4）public String toString() 返回对象的简短描述。如果对象的详细消息非空，则结果的格式是：此对象的实际类名：对象的 getMessage() 方法的结果；否则只返回此对象的实际类名。

（5）public void printStackTrace() 将此对象及其追踪输出至标准错误流。

（6）public void printStackTrace(PrintStream s) 将此对象及其追踪输出到输出流 s。

（7）public void printStackTrace(PrintWriter s) 将此对象及其追踪输出到 PrintWriter 对象 s。

（8）public Throwable fillInStackTrace() 在异常堆栈跟踪中填充，在对象信息中记录有关线程堆栈帧的当前状态。返回对象的引用。

（9）public StackTraceElement[] getStackTrace() 提供编程访问由 printStackTrace() 输出的堆栈跟踪信息。返回堆栈跟踪元素的数组，每个元素表示一个堆栈帧。

（10）public void setStackTrace(StackTraceElement[] stackTrace) 设置由 getStackTrace() 返回的并由 printStackTrace() 和相关方法输出的堆栈跟踪元素。此方法设计用于 RPC 框架和其他高级系统。

上边列出了 Throwable 类的方法。在其子类中，一般没有提供什么方法，它们主要是继承了父类的这些方法。因此对子类不再一一介绍，用到时简要说明一下，要了解更多的信息请参阅相关的 JDK 文档。

9.3 异常处理

在 Java 程序运行过程中如果发生了错误，系统就会产生一个与该错误相对应的异常类的对象，产生异常类对象的过程被之为异常的抛出。如果要对异常进行处理，就必须在程序中对抛出的异常进行捕捉并安排相应的代码处理异常。

9.3.1 抛出异常

一般来说，抛出异常有两种方式：一是系统自动抛出异常，如系统在运行过程中遇到了异常，如空对象的引用（NullPointerException）、数组元素引用中下标超出边界（IndexOutOfBoundsException）等；二是程序开发者根据设计要求在程序中主动创建异常对象，通过该对象的抛出告诉方法的调用者遇到了异常。

下边简要介绍一下在程序中抛出异常的语句。

1. throw 语句

throw 语句用于在方法的内部抛出异常对象。其语句的一般格式如下：

thow 异常类对象；

该语句一般用于自定义异常的抛出。我们将在后边介绍自定义异常。

2. Throws 子句

如果知道在一个方法中会产生异常，但并不确切知道如何对异常进行处理或无须对异常进行处理时，可以在定义方法时声明可能会引发的异常。定义方法抛出异常的一般格式是：

［访问限定符］［修饰符］［类型］方法名(声明形参列表) throws 异常列表

在有些情况下，我们只需抛出异常，并不需要去捕获或处理这些异常。比如下边的一个例子。

【例 9.1】从键盘上输入 26 个字母 a~z 并输出对应的 ascii 码值。

```
/* 这是一个输出 a~z 26 个字母对应的 ascii 码值的程序
 * 程序的名称：ExceptionExam9_1. java
 * 目的是演示抛出异常的用法
 */
import java. io. * ;
public class ExceptionExam9_1    {
    public static void main( String    args[ ] ) {
        int [ ] bt = new int[26] ;
        System. out. println("请按照顺序输入 26 个字母：" ) ;
        for( int i = 0; i<bt. length; i++)  bt[i] = System. in. read( ) ;
        System. out. println("a~z 对应的 ascii 编码是：" ) ;
        for( int i = 0; i<bt. length; i++)  {
            if( i%6 = = 0) System. out. println( ) ;
            System. out. print( ( char) bt[i]+" = "+bt[i]+"     " ) ;
        }
    }
}
```

编译该程序会出现如下的错误提示：

```
  D：\java2007\javaexam\第 9 章\ExceptionExam9_1. java：13：unreported exception java.
io. IOException; must be caught or declared to be thrown
          for( int i = 0; i<bt. length; i++)  bt[i] = System. in. read( ) ;
                                                          ^
  1 error
```

从出错信息可以看出，由于涉及系统标准设备(键盘)的输入，所以系统要求在程序中捕捉或说明要抛出的 java. io. IOException 异常。这是在编译过程中由编译系统抛出的异常，根据异常信息的提示，修改程序加入抛出 java. io. IOException 异常即可，由于该异常无法用程序代码进行处理，所以我们可以在方法声明上说明引发该异常：

public static void main(String [ ] args) throws IOException

在对程序做了上述修改之后，编译并执行程序，输入 26 个字母，执行结果如图 9.1 所示。

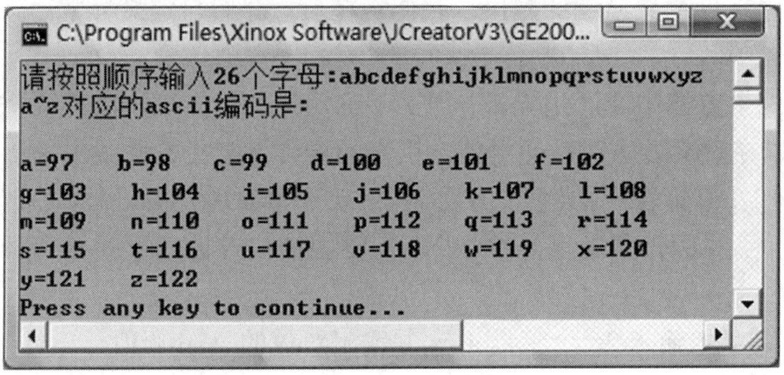

图9.1　示例9.1 执行结果

在网络程序中，涉及网络引发的异常，诸如远程方法调用等，一般都采用在定义方法时声明可能会引发的异常。

9.3.2　异常的处理

如上所述，在程序运行过程中，一旦遇到错误就会抛出相应的异常，那么如何在程序中对需要处理的异常进行捕捉处理呢?

Java 提供了 try~catch~finally 语句块的结构，对程序中抛出的异常进行捕捉处理。该结构的一般格式如下：

```
try{
  语句块   //可能产生异常的代码段
}
catch(异常类型,参数){
  语句块   //异常处理代码段
}
catch(异常类型1,参数1){
  语句块 //异常处理代码段
}
……
catch(异常类型n,参数n) {
  语句块 //异常处理代码段
}
finally{
```

语句块 //不论异常是否发生，均应执行的代码段

　　}

其中：

（1）try 代码块中应包含可能引发一个或多个异常的代码。所希望捕捉的可能会引发异常的语句代码必须放在该块中。

（2）catch 代码块包含着用于处理一个由 try 块中抛出的某一特定类型异常的代码段。try 块中可能会抛出多个异常，要捕捉并处理这些异常，就需要对应有多个 catch 代码块。每一个 catch 代码块只能对应处理一类异常。

（3）finally 代码块总是在方法结束前执行。往往会出现这样的情况，由于异常总是立即抛出的，出现异常后程序也会从抛出异常的位置跳出 try 块，该位置下边剩余的代码没有被执行，这可能会带来一些问题。比如，已经打开了一个文件，但关闭文件的代码未被执行，在没有关闭文件的情况下退出，有可能会造成文件的损害或数据的丢失。finally 块中的代码就是来处理类似问题的。

我们先看下边一个示例。

【例 9.2】产生两组 10 以内的随机整数放入一维数组 a，b 中，然后输出 b[i]/(a[i]−b[i]) 的对应值。

我们先看一下没有对异常进行捕捉处理的程序代码：

```
/*这是一个处理算术运算异常的程序
 *程序的名称：ArithmeticExceptionExam9_2.java
 *目的是演示抛出异常的用法
 */
import java.util.*;
import java.lang.ArithmeticException.*;
public class ArithmeticExceptionExam9_2{
  public static void arithmetic(int [] a, int [] b){
   int m;
   for(int i=0; i<b.length; i++) {
    m=b[i]/(a[i]-b[i]);
    System.out.print("i="+i+"时 m="+m+" || ");
   }
  }
  public static void main(String args[]){
   int [] bt=new int[10];
   int [] at=new int[10];
   Random rda=new Random(9876);    //定义创建随机数对象 rda
   Random rdb=new Random(2341);    //定义创建随机数对象 rdb
   for(int i=0; i<bt.length; i++)  {
     bt[i]=rda.nextInt(10);    //产生一组 10 以内的随机整数
     at[i]=rdb.nextInt(10);    //产生一组 10 以内的随机整数
```

```
        }
    arithmetic( at, bt) ; //调用运算方法
    }
}
```

编译并运行程序,可能会出现如图 9.2 这样的结果:

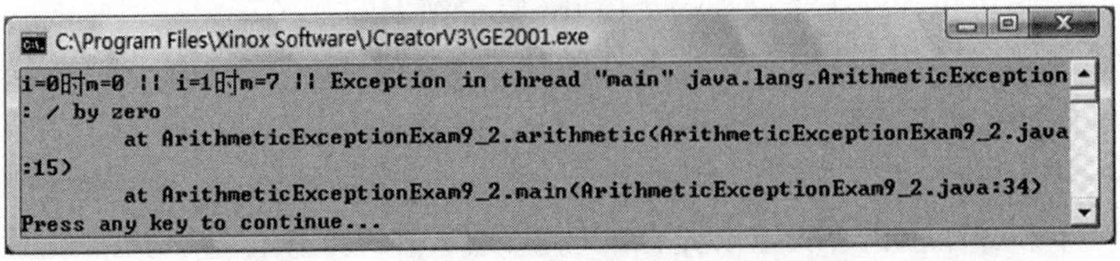

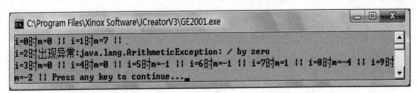

图 9.2　示例 9.2 没有捕捉错误的执行结果

从上边的结果我们可以看出,在 arithmetic( )方法中,执行循环运算时,只执行了两次,第三次便发生了异常,程序随之也中止了。下边我们修改 arithmetic( )方法,加入异常处理结构的语句:

```
public static void arithmetic( int [ ] a, int [ ] b) {
    int m;
    for( int i = 0; i<b. length; i++)
    try {
      m = b[i]/(a[i]-b[i]);
      System. out. print( "i = "+i+"时 m = "+m+" || ") ;
    }
    catch( ArithmeticException e) {
      System. out. println( "\ni = "+i+"时出现异常: "+e. toString( )) ; //如果除数为 0 则
      显示信息
    }
}
```

再次编译和运行程序,可以看到如图 9.3 的运行结果,由于添加了捕捉处理的结构语句块,在程序中执行 arithmetic( )方法时,循环到第三遍发生了异常,程序捕捉了该异常并进行了输出相关信息的处理,处理之后程序继续运行。

一般来说,当我们认为异常并不严重,可以继续程序的执行时,通常不会做出立即结束程序的处理。

图 9.3　示例 9.2 捕捉错误之后的执行结果

下面再给出一个捕捉和处理数组下标超界的简单示例。

【例9.3】产生一组(10个)100以内的随机数放入一维数组中,然后随机产生下标并显示其值。

程序代码如下:

```
/*这是一个处理数组越界异常的程序
 *程序的名称: ArrayIndexOutOfBoundsExam9_3. java
 *目的是演示抛出异常的用法
 */
import java. util. *;
import java. lang. *;
public class ArrayIndexOutOfBoundsExam9_3{
  public static void main(String args[])   {
   int [ ] a=new int[10];
   Random rda=new Random();              //定义创建随机数对象 rda
   for(int i=0; i<10; i++) a[i]=rda. nextInt(100);   //产生一组 100 以内的随机整数
   for(int i=1; i<6; i++){
    int d=rda. nextInt(15);              //生成 15 以内的随机下标
    try{
       System. out. println("a["+d+"]="+a[d]);    //显示元素值
    }
    catch(ArrayIndexOutOfBoundsException e){
       System. out. println(d+">=10,超出了可获取的下标范围!!!");
    }
   }
  }
}
```

编译运行程序,执行结果如图 9.4 所示。

由于是随机产生下标,每次的运行结果可能会不一样。

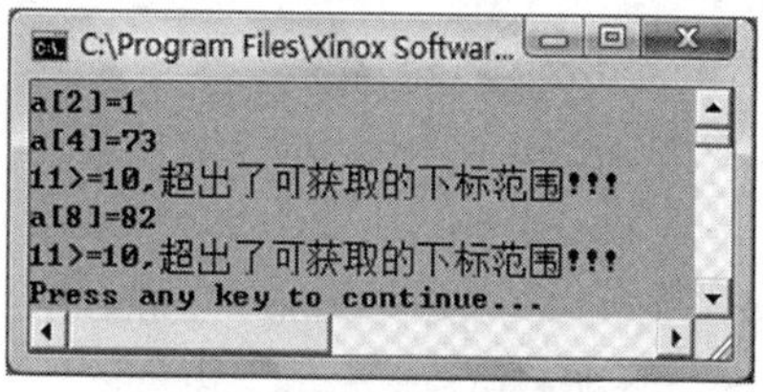

图 9.4　例 9.3 执行结果

9.4　用户自定义异常类

上边介绍了 Java 中定义的标准异常类,但是有时候我们希望当一个标准异常出现时添加信息;或者对于一些特殊的应用,代码中需要一些出错条件以明确区分出某种特定的异常。在这些情况下,我们可以定义自己的异常类并创建异常对象来处理自己程序中的运行错误。

用户自定义异常类必须以 Throwable 作为超类,即它必须是 Throwable 类的子类(直接或间接),尽管可以从任何一个标准异常类派生出自定义异常类,但最好还是从 Exception 异常类派生。

下边我们举一个例子简要说明一下自定义异常类的定义与应用。

在前边我们已经介绍过学生成绩录入程序,现在要建立一个异常类,当输入的成绩不是规定范围内的数据时,引发该异常。下边先定义异常类。

【例 9.4】定义异常类 ResultOutOfBoundsException。

程序参考代码如下:

```
/*这是一个定义成绩超出规定范围的异常类
 *类名是: ResultOutOfBoundsException
 */
public class ResultOutOfBoundsException extends Exception{
    ResultOutOfBoundsException(){                //构造方法
        super("成绩数据超限错误!!!");
    }
    public String  toString(){                   //返回信息方法
        return "成绩数据超限错误!!! 成绩不能为负值,也不能超出规定的范围!!!";
    }
}
```

该异常类是 Exception 类的派生类,在类中重写了 toString() 方法。

在完成异常类的定义之后,下边再定义一个成绩类。

【例 9.5】定义成绩类 Result。

程序参考代码如下:

```
/*这是一个定义学生成绩的类
 *类名是: Result
 */
public class Result{
    String student_no;
    int rs1;
    Result()  {                               //构造方法 1
    student_no = "00000000000";
    rs1 = 0;
    }                                          // 构造方法 1 结束
    Result(String no, int r1){      //构造方法 2
        student_no = no;
        rs1 = r1;
    }                                          // 构造方法 2 结束
    /***定义方法 isResult() 抛出并引发自定义异常***/
    public boolean isResult() throws ResultOutOfBoundsException {
        if(rs1<0||rs1>100){
            throw new ResultOutOfBoundsException();
        }
        else{
        return true;
```

```
        }
    }                           // 方法 isResult 结束
}
```

在上边定义的成绩类中，由方法 isResult( )抛出并引发自定义异常。

下边我们对例 8.4 的程序做一个修改，测试一下自定义异常的功能。

【例 9.6】修改例 8.4，当输入学生的成绩小于 0 或大于 100 时，引发异常，对异常进行处理，显示异常信息，并回到成绩栏重新输入。

修改后的程序代码如下：

```java
/ * 这个程序是对例 8.4ExceptionExam9_6. java 程序的修改
  * 程序名为：ExceptionExam9_6. java
  * 是一个演示自定义异常的示例程序
  * /
import java. awt. * ;
import java. awt. event. * ;
import javax. swing. * ;
public class ExceptionExam9_6 extends JFrame implements ActionListener{
    JTextField no = new JTextField(10);
    JTextField result = new JTextField(10);
    JPanel jp=new JPanel();              //创建窗格容器摆放相关组件
    JTextArea jt=new JTextArea(5, 20);   //创建多行文本框对象显示学生的相关信息
    JScrollPane js=new JScrollPane(jt);  //在滚动容器中显示学生信息
    JButton next=new JButton("下一个");
    JButton exit=new JButton("退出");
    public ExceptionExam9_6(){
        setTitle("成绩录入 KeyEvent 事件演示");
        Container rootPane=this. getContentPane();   //获得摆放组件的窗口容器
        rootPane. setLayout(new FlowLayout());       //在窗口上以流布局摆放组件
        jp. setLayout(new GridLayout(0, 2));         //在窗格容器上以网格布局摆放组件
        jp. add(new JLabel("学号"));                  //将组件摆放到窗格上
        jp. add(no);
        jp. add(new JLabel("成绩"));
        jp. add(result);
        jp. add(exit);
        jp. add(next);
        rootPane. add(jp);                           //将窗格对象 jp 添加到窗口上
        rootPane. add(js);                           //将滚动窗格对象 js 添加到窗口上
        jt. setEditable(false);                      //设置多行文本框是不可编辑的
        exit. addActionListener(this);               //注册 exit 按钮的监听对象
        next. addActionListener(this);               //注册 next 按钮的监听对象
```

```
        setSize(250, 200);                      //设置窗口的大小
        setVisible(true);
        setDefaultCloseOperation(3);
    }
/* * * * * * * * 主方法 * * * * * * * * * */
    public static void main( String args[ ] ){      //程序的入口方法
     new ExceptionExam9_6();
    }
/* * * * * * * * * ActionListener 接口方法 * * * * * * * * * * * * */
    public void actionPerformed( ActionEvent e){   //实现单击按钮事件
        Object obj = e. getSource();                 //获取事件源
        if(obj == next){                             //设置下一个
         String student_no = no. getText();
         int rs = Integer. parseInt(result. getText());
         Result s1 = new Result(student_no, rs);    //创建 Result 对象
         try{
            if(s1. isResult()){          //检查输入的成绩是否合格, 若不合格将引发异常
               jt. append(student_no+"    " +rs+" \n");
               no. setText("");
               result. setText("");
               no. requestFocus();                    //定位输入位置
             }
         }
         catch(ResultOutOfBoundsException ee){        //捕捉并处理异常
            JOptionPane. showMessageDialog(null, ee. toString(), "数据录入错误", -1);
            result. requestFocus();
         }
        }
        else{                                        //退出
         System. exit(0);
        }
    }
}
```

9.5　异常的进一步讨论

在上边我们简要介绍了标准异常及自定义异常, 在程序中合理地运用异常可以提高代码的质量。在编写程序处理异常时, 首要考虑的是通过这段代码可以达到什么样的目的。在具体实现中, 没有一成不变的规则。在一些情况下, 只是需要输出一条出错信息提示用户, 而

程序继续运行(如例9.2);而在有些用户输入信息的情况下,则需要输出出错信息后提示用户更正输入信息,程序继续运行(如例9.6);还有一些情况,可能最好的做法是输出出错信息后立即结束程序运行。因此它取决于要处理的实际的问题。

下边我们讨论一下处理异常时需要注意的问题。

1. 层次性问题

在前边,我们已经列出了异常类的层次结构,了解类的层次结构是重要的,它将直接影响到程序的执行。先看下边的 try~catch 结构的示例片断:

```
……
try{
    ……      //可能发生异常的代码段
    ……
}
catch(Exception e) {
    ……      //对捕捉到异常的处理代码
}
catch(ArrayIndexOutOfBoundsException e1) {
    ……      //对捕捉到异常的处理代码
}
catch(ArithmeticException e2) {
    ……      //对捕捉到异常的处理代码
}
```

看上去这段代码似乎没有什么问题,事实上它是不能通过编译的,因为 Exception 是标准异常类的父类,在 Java 的执行中,遇到这样的捕捉异常语句,它将捕捉所有的标准异常,而下边出现了重复的捕捉对象,这是不允许的。

一般来说,在 try~catch~finally 结构中,如果有多个 catch 语句块处理多个异常,就必须按照类的层次结构,层次最低的子类在前,高层次的超类在后,同层次的顺序无关这样的次序排列。

当然,你可以使用 Exception 去捕捉所有的异常,将所有出错处理代码放入一个 catch 块中。一般不赞成这样做。还是有针对性地为每一个特定的异常编写一个 catch 块为最好。

2. 嵌套性问题

在前边介绍的循环结构和 if~else 结构可以嵌套。try~catch~finally 结构也可以嵌套,其嵌套的一般格式如下:

```
try{
    ……   //可能发生异常的代码段
    try{
        …… //可能发生异常的代码段
    }
    catch(……){
        …… //对捕捉到异常的处理代码/
```

```
    }
    ……
    }
    catch(……){
    ……
    [try{
    ……
    }
    catch(…….){
    ……
    }
    ……
    ]
    ……
}
```

在嵌套结构中，try~catch 块是作为一个整体结构被嵌套，这和其他的嵌套结构是一样的。对内层 try~catch 块漏捕的异常，仍可在外层得到捕捉。

3. 有效使用问题

如前所述，使用异常处理可提高程序的质量。要构建功能能强、质量高、容错性好的应用程序，必须有效地使用异常处理机制。

从前边介绍的异常及异常处理的过程来看，在程序中，抛出异常会带来系统的处理负担，大量地抛出异常会降低程序的运行速度。因此我们应该正确有效地利用异常处理机制。

下边看一个简单的例子：

```java
public void displayString(String str){
    try{
        System. out. println(str);
    }
    catch(NullPointerException e){
        System. out. println("引用错误！这个字符串是一个空对象");
    }
}
```

在程序的执行过程中，当对象执行该方法时，如果参数对象 str 为 null，将会引发一个空引用的异常，系统会产生一个异常对象，并通过程序将该异常对象作为参数传递给捕捉处理的 catch 程序段进行处理。

下边我们使用 if~else 结构来写这个方法：

```java
public void displayString(String str){
    if(str! =null){
        System. out. println(str);
    }
```

```
else {
        System. out. println("引用错误! 这个字符串是一个空对象");
    }
}
```

这个方法的执行过程要简单得多, 就不做解释了。

大家可以比较一下使用哪种方法更好呢。一般来说, 当有一些执行比较频繁且容易出现异常的代码时, 最好不要把它放在 try~catch 语句块中, 应该把它放在 if~else 语句块中。

本章小结

本章主要讲述了 Java 中的异常及异常处理的基本概念, 异常及异常处理的应用。

本章重点:

(1) Java 中的主要异常类及其层次关系。

(2) 异常的产生、异常的抛出、异常的处理及自定义异常的创建与应用。

(3) try~catch~finally 语句块的功能与应用。

通过对本章的学习, 应理解 Java 的异常处理机制, 在以后的程序中熟练运用异常处理, 编写出质量高的程序。

习题 9

一、问答题

1. 什么是异常? 请简述 Java 的异常处理机制。

2. 异常处理与传统的错误处理方法相比, 其优势是什么?

3. 系统定义的异常与用户自定义的异常有什么不同? 如何使用这两类异常?

二、编程题

1. 编写一个程序, 用于捕捉空引用(NullPointerException)的异常。

2. 仿照例 9.4、例 9.5 和例 9.6, 编程实现一个用户自定义异常。

第 10 章　综合实例：名片管理系统

本章将使用 NetBeans 开发工具开发一个名片管理系统。此系统有查看名片和添加名片两种功能。当选中"查看已有名片"单选按钮时，程序处于查看状态。在查看状态中可以在"名片列表"中选择要查看的名片，程序在右边的面板中会显示该名片所包含的详细信息，在此状态中名片信息处于不可编辑状态。

当选中"添加新名片"单选按钮时，程序处于添加状态。此时所有关于名片信息的项目都处于可编辑状态，可以填写名片的基本信息，并通过选择"爱好"或者"学历"来设置不同的附件信息，设置完成以后单击"添加"按钮保存信息。此时会在"名片列表"中出现添加名片的名称。单击"清空"按钮，可以清空还没提交的内容。

在查看状态和添加状态下，都可以通过单击"爱好"或者"学历"单选按钮以显示名片不同的附加信息。

10.1　界面设计

启动 NetBeans，按照如下步骤完成名片管理系统实例。

（1）在磁盘建立一个目录，并在其中新建一个名称为 cardmanage 的项目，并将其主类名称设置为 org. netbeans. swing. cardmanage. CardManage。

（2）向 cardmanage 项目中添加一个通过 JFrame Form 模板创建的 CardManageFrame，并将其 title 属性的值设置为"名片管理系统"。

（3）向窗体中添加一个 JSplitPane，设置 JSplitPane 的 divider Location 属性的值为 180，dividerSize 属性的值为 3，并将 JSplitPane 的名称改为 jSplitPaneGlobal。

（4）分别向 jSplitPaneGlobal 中"左键"和"右键"所标示部分添加一个新的 JSplitPane，将其名称分别修改为 jSplitPaneLeft、jSplitPaneRight。

（5）在属性窗口中修改属性，将其 orientation 属性设置为 VETICAL_SPLIT，将其 dividerLocation 属性分别设置为 110、200，并将其 dividerSize 属性分别设置为 0、3，界面分割图如图 10.1 所示。

（6）向 jSplitPaneLeft 的"左键"所标示部分添加一个 JPanel。将 JPanel 的名称修改为 jPanelLeftTop。然后在"属性"对话框中，单击

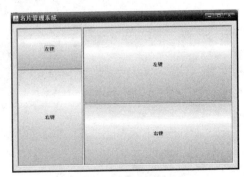

图 10.1　界面分割图

"border"属性右侧的按钮，将"带标题的边框"的"标题"属性，改为"选择动作"。

（7）向 jPanelLeftTop 中添加 ButtonGroup，将其名称修改为 buttonGroupOne。

（8）向 jPanelLeftTop 中添加两个 JRadioButton，将其名称分别修改为 jRadioButtonOldCard、jRadioButtonAddNewCard；将这两个单选按钮 buttonGroup 属性的值均设置为 buttonGroupOne。最后将 text 属性值分别修改为"查看已有名片"和"添加新名片"。

（9）向 jSplitPaneLeft 的"右键"所标示部分添加一个 JPanel。将 JPanel 的名称修改为 jPanelLeftBottom。然后在"属性"对话框中，单击"border"属性右侧的按钮，将"带标题的边框"的"标题"属性，改为"名片列表"。

（10）将 jSplitPaneLeft 的布局管理器设置为 GridLayout，并向 jPanelLeftBottom 添加 JList，将 Jlist 的名称修改为 jListCardList，将其 model 属性的初始值设置为空。

（11）向 jSplitPaneRight 的"左键"所标示部分添加一个 JPanel。将 JPanel 的名称修改为 jPanelRightTop。然后在"属性"对话框中，单击"border"属性右侧的按钮，将"带标题的边框"的"标题"属性，改为"名片详细信息"。

（12）向 jPanelRightTop 中添加 ButtonGroup，将其名称修改为 buttonGroupTwo。

（13）向 jPanelRightTop 中添加 4 个 JLable、4 个 JTextField 和 2 个 JRadioButton，并按照表 10.1 所示修改属性。

表 10.1 控件一览表

控件类型	控件名称	Text 属性值
JLabel	jLabelName	姓名
Jlabel	jLabelAddress	地址
Jlabel	jLabelPhone	联系电话
Jlabel	jLabelEmail	电子邮件
JTextField	jTextFieldName	空
JTextField	jTextFieldAddress	空
JTextField	jTextFieldPhone	空
JTextField	jTextFieldEmail	空
JRadioButton	jRadioButtonFavor	爱好
JRadioButton	jRadioButtonDegree	学位
JButton	jButtonAdd	添加
JButton	jButtonDelete	清空

（14）将 jRadioButtonFavor 和 jRadioButtonDegree 两个单选按钮 buttonGroup 属性的值设置为 buttonGroupTwo。

（15）向 jSplitPaneRight 的"右键"所标示的部分添加 JPanel。将该 JPanel 的名字修改为 jPanelRightBottom。然后在"属性"对话框中，单击"border"属性右侧的按钮，将"带标题的边框"的"标题"属性，改为"名片附加信息"。设置其布局管理器为 CardLayout。

（16）依次向 jPanelRightBottom 中添加 2 个 JPanel，将这两个 JPanel 的名称分别修改为

jPanelFavor 和 jPanelDegree，并将 CardName 属性值分别设置为 favorcard 与 degreecard。

（17）向 jPanelFavor 添加 6 个 JCheckBox，并按表 10.2 所示修改属性。

表 10.2　控件一览表

控件类型	控件名称	Text 属性值
JCheckBox	jCheckBoxSing	唱歌
JCheckBox	jCheckBoxDance	跳舞
JCheckBox	jCheckBoxChat	聊天
JCheckBox	jCheckBoxFootBall	足球
JCheckBox	jCheckBoxBasketBall	篮球
JCheckBox	jCheckBoxVolleyBall	排球

（18）向 jPanelDegree 添加 ButtonGroup，并将其名称修改为 buttonGroupThree，再向 jPanelDegree 中添加 4 个 JRadioButton，并按表 10.3 所示修改属性。

表 10.3　控件一览表

控件类型	控件名称	Text 属性值
JRadioButton	jRadioButtonBachelor	学士
JRadioButton	jRadioButtonMaster	硕士
JRadioButton	jRadioButtonDoctor	博士
JRadioButton	jRadioButtonOther	其他

（19）将这四个单选按钮 buttonGroup 属性的值均设置为 buttonGroupThree。至此，界面全部设置完毕。名片管理系统界面如图 10.2 所示。

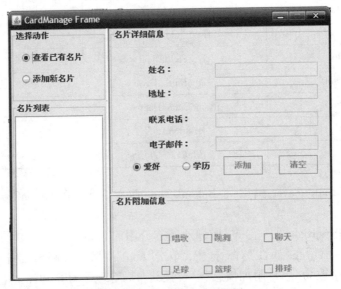

图 10.2　名片管理系统界面

10.2 数据库设计

名片管理系统中的 ACCESS 数据库 Resume 中包括一张 PersonResume 数据表。
PersonResume 数据表主要储存名片基本信息。其结构如表 10.4 所示。

表 10.4 名片基本情况表

字段名	数据类型	字段说明	键引用	备注
Name	文本	姓名	主键	
Address	文本	地址		
Phone	文本	电话号码		
Email	文本	邮箱地址		
FavorSing	是/否	唱歌		
FavorDance	是/否	跳舞		
FavorFootBall	是/否	足球		
FavorVolleyBall	是/否	排球		
FavorChat	是/否	聊天		
FavorBasketBall	是/否	篮球		
DegreeMaster	是/否	硕士		
DegreeDoctor	是/否	博士		
DegreeBachlor	是/否	学士		
DegreeOther	是/否	其他学历		

数据表建立好后，可以向表中录入两行名片信息，并保存退出。

10.3 功能代码开发

功能代码开发步骤如下。

（1）向 CardManageFrame 中添加一个名称为 setState，返回值为 void，访问限制修饰符为
private，入口参数为 boolean flag 的方法，代码设置如下：（该方法用来设置名片信息的可编
辑性）

```
private void setState( boolean flag) {
        this. jListCardList. setEnabled( ! flag) ;
        this. jTextFieldAddress. setEditable( flag) ;
        this. jTextFieldPhone. setEditable( flag) ;
        this. jTextFieldName. setEditable( flag) ;
        this. jTextFieldEmail. setEditable( flag) ;
        this. jButtonAdd. setEnabled( flag) ;
```

```
        this. jButtonDelete. setEnabled( flag) ;
        this. jCheckBoxDance. setEnabled( flag) ;
        this. jCheckBoxChat. setEnabled( flag) ;
        this. jCheckBoxSing. setEnabled( flag) ;
        this. jCheckBoxBasketBall. setEnabled( flag) ;
        this. jCheckBoxFootBall. setEnabled( flag) ;
        this. jCheckBoxVolleyBall. setEnabled( flag) ;
        this. jRadioButtonBachelor. setEnabled( flag) ;
        this. jRadioButtonDoctor. setEnabled( flag) ;
        this. jRadioButtonMaster. setEnabled( flag) ;
        this. jRadioButtonOther. setEnabled( flag) ;
    }
```

（2）向 CardManageFrame 中添加一个名称为 clearAll，返回值为 void，访问限制修饰符为 private，入口参数为空的方法，代码设置如下：（该方法用来清空填写但未提交的信息）

```
    private void clearAll( ) {
        this. jTextFieldAddress. setText("") ;
        this. jTextFieldPhone. setText("") ;
        this. jTextFieldName. setText("") ;
        this. jTextFieldEmail. setText("") ;
        this. jCheckBoxDance. setSelected( false) ;
        this. jCheckBoxChat. setSelected( false) ;
        this. jCheckBoxSing. setSelected( false) ;
        this. jCheckBoxBasketBall. setSelected( false) ;
        this. jCheckBoxFootBall. setSelected( false) ;
        this. jCheckBoxVolleyBall. setSelected( false) ;
        this. jRadioButtonBachelor. setSelected( false) ;
        this. jRadioButtonDoctor. setSelected( false) ;
        this. jRadioButtonMaster. setSelected( false) ;
        this. jRadioButtonOther. setSelected( false) ;
    }
```

（3）分别为 jRadioButtonAddNewCard、jRadioButtonOldCard、jRadioButtonFavor、jRadioButtonDegree 添加 ItemEvent 事件处理方法（注意：这些方法名必须让系统自动生成，不能手动输入）

```
    private void jRadioButtonOldCardItemStateChanged( java. awt. event. ItemEvent evt) {
        this. setState( false) ;
        this. clearAll( ) ;
    }
    private void jRadioButtonAddNewCardItemStateChanged( java. awt. event. ItemEvent evt) {
        this. setState( true) ;
```

```
        this. clearAll( ) ;
    }
private void jRadioButtonDegreeItemStateChanged( java. awt. event. ItemEvent evt)  {
    ( ( java. awt. CardLayout) jPanelRightBottom. getLayout( ) ). show( jPanelRightBottom,  "
    degreecard" ) ;
    }
private void jRadioButtonFavorItemStateChanged( java. awt. event. ItemEvent evt)  {
    ( ( java. awt. CardLayout) jPanelRightBottom. getLayout( ) ). show( jPanelRightBottom,
    "favorcard" ) ;
    }
```

以上完成后, 运行一下程序, 查看效果。

(4)在包中添加一个类 CardInfo, 此类用来记录一张名片的信息。所有属性的访问限制修饰符都设置为 private, 并为所有属性添加 get/set 访问器(此处体现封装)。代码如下:

```
    private String name;
    private String address;
    private String phone;
    private String email;
    private boolean singState;
    private boolean danceState;
    private boolean chatState;
    private boolean footBallState;
    private boolean basketBallState;
    private boolean volleyBallState;
    private boolean bachelorState;
    private boolean masterState;
    private boolean doctorState;
    private boolean otherState;
    public void setName( String name)
    {
        this. name = name;
    }
    public String getName( )
    {
        return this. name;
    }
    public void setAddress( String address)
    {
        this. address = address;
    }
```

```java
        public String getAddress( )
        {
            return this. address;
        }
    public void setPhone(String phone)
    {
        this. phone = phone;
    }
      public String getPhone( )
      {
          return this. phone;
      }
    public void setEmail(String email)
    {
        this. email = email;
    }
      public String getEmail( )
      {
          return this. email;
      }
    public void setSingState(boolean singState)
    {
        this. singState = singState;
    }
      public boolean getSingState( )
      {
          return this. singState;
      }
    public void setDanceState(boolean danceState)
    {
        this. danceState = danceState;
    }
      public boolean getDanceState( )
      {
          return this. danceState;
      }
    public void setChatState(boolean chatState)
    {
        this. chatState = chatState;
```

```
    }
  public boolean getChatState( )
  {
      return this. chatState;
  }
public void setFootBallState( boolean footBallState)
{
      this. footBallState = footBallState;
}
  public boolean getFootBallState( )
  {
      return this. footBallState;
  }
public void setBasketBallState( boolean basketBallState)
{
      this. basketBallState = basketBallState;
}
  public boolean getBasketBallState( )
  {
      return this. footBallState;
  }
public void setVolleyBallState( boolean volleyBallState)
{
      this. volleyBallState = volleyBallState;
}
  public boolean getVolleyBallState( )
  {
      return this. volleyBallState;
  }
public void setBachelorState( boolean bachelorState)
{
      this. bachelorState = bachelorState;
}
  public boolean getBachelorState( )
  {
      return this. bachelorState;
  }
  public void setMasterState( boolean masterState)
  {
```

```
        this. masterState = masterState;
    }
    public boolean getMasterState( )
    {
        return this. masterState;
    }
    public void setDoctorState( boolean doctorState)
    {
        this. doctorState = doctorState;
    }
    public boolean getDoctorState( )
    {
        return this. doctorState;
    }
    public void setOtherState( boolean otherState)
    {
        this. otherState = otherState;
    }
    public boolean getOtherState( )
    {
        return this. otherState;
    }
```

（5）在包中添加一个连接数据库的类 DBConnection，此类用来连接数据库，并返回一个数据库连接对象。代码如下：

```
import java. sql. * ;
public class DBConnection {
private String str = "jdbc: odbc: driver = {Microsoft Access Driver ( * . mdb)}; DBQ = d: \\
Resume. mdb";
public Connection con;
public DBConnection( ) {
  try {
        Class. forName( "sun. jdbc. odbc. JdbcOdbcDriver" );
        con = DriverManager. getConnection( str, " " , " " );
    }
  catch (Exception e) {
    System. out. println( e);
  }
  }
public Connection getCon( ) {
```

```
        return con;
    }
}
```

（6）向 CardManageFrame 中添加一个名称为 getCardInfo，访问限制符为 private，返回值为 CardInfo 的方法。该方法将用户所填写的名片信息内容包装成为一个 CardInfo 对象返回。代码如下：

```
public CardInfo getCardInfo( )
    {
        CardInfo cardinfo = new CardInfo( );
        cardinfo. setName( this. jTextFieldName. getText( ) );
        cardinfo. setAddress( this. jTextFieldAddress. getText( ) );
        cardinfo. setPhone( this. jTextFieldPhone. getText( ) );
        cardinfo. setEmail( this. jTextFieldEmail. getText( ) );
        cardinfo. setSingState( this. jCheckBoxSing. isSelected( ) );
        cardinfo. setDanceState( this. jCheckBoxDance. isSelected( ) );
        cardinfo. setChatState( this. jCheckBoxChat. isSelected( ) );
        cardinfo. setFootBallState( this. jCheckBoxFootBall. isSelected( ) );
        cardinfo. setBasketBallState( this. jCheckBoxBasketBall. isSelected( ) );
        cardinfo. setVolleyBallState( this. jCheckBoxVolleyBall. isSelected( ) );
        cardinfo. setBachelorState( this. jRadioButtonBachelor. isSelected( ) );
        cardinfo. setMasterState( this. jRadioButtonMaster. isSelected( ) );
        cardinfo. setDoctorState( this. jRadioButtonDoctor. isSelected( ) );
        cardinfo. setOtherState( this. jRadioButtonOther. isSelected( ) );
        return cardinfo;
    }
```

（7）向 CardManageFrame 中添加一个名称为 setCardInfo，访问限制符为 private，返回值为 void，入口参数名称为 cardinfo 的方法。该方法用于获取 CardInfo 中的信息，并在对应的控件中显示。代码如下：

```
public void setCardInfo( CardInfo cardinfo)
    {
        this. jTextFieldName. setText( cardinfo. getName( ) );
        this. jTextFieldPhone. setText( cardinfo. getPhone( ) );
        this. jTextFieldAddress. setText( cardinfo. getAddress( ) );
        this. jTextFieldEmail. setText( cardinfo. getEmail( ) );
        this. jCheckBoxSing. setSelected( cardinfo. getSingState( ) );
        this. jCheckBoxDance. setSelected( cardinfo. getDanceState( ) );
        this. jCheckBoxChat. setSelected( cardinfo. getSingState( ) );
        this. jCheckBoxFootBall. setSelected( cardinfo. getFootBallState( ) );
        this. jCheckBoxBasketBall. setSelected( cardinfo. getBasketBallState( ) );
```

```
        this. jCheckBoxVolleyBall. setSelected( cardinfo. getVolleyBallState( ) ) ;
        this. jRadioButtonBachelor. setSelected( cardinfo. getBachelorState( ) ) ;
        this. jRadioButtonMaster. setSelected( cardinfo. getMasterState( ) ) ;
        this. jRadioButtonDoctor. setSelected( cardinfo. getDoctorState( ) ) ;
        this. jRadioButtonOther. setSelected( cardinfo. getOtherState( ) ) ;
    }
```

（8）向 CardManageFrame 类添加 vecListCard 变量，设置变量的访问限制符为 private，数据类型为 java. util. Vector，此变量用来存储名片的姓名列表，作为 jListCardList 类别控件的数据模型。代码如下：

```
private java. util. Vector vecListCard = new java. util. Vector( ) ;
```

（9）分别向 jButtonAdd、jButtonDelete、jListCardList 添加相应的事件处理方法（注意：这些方法名必须让系统自动生成，不能手动输入）

```
private void jButtonAddActionPerformed( java. awt. event. ActionEvent evt)  {
    /*
     *该方法将用户所填写的信息包装到 CardInfo 对象中，用"姓名"字段的值作为
     键名，并将该 Vector 对象传给 jListCardList 以显示更新后名片的名称列表。
     */
    DBConnection con = new DBConnection( ) ;
    try {
        Statement statementname = con. getCon( ). createStatement( ) ;
        CardInfo cardinfo = this. getCardInfo( ) ;
        String Name = cardinfo. getName( ) ;
        String Address = cardinfo. getAddress( ) ;
        String Phone = cardinfo. getPhone( ) ;
        String Email = cardinfo. getEmail( ) ;
        boolean SingState = cardinfo. getSingState( ) ;
        boolean DanceState = cardinfo. getDanceState( ) ;
        boolean FootBallState = cardinfo. getFootBallState( ) ;
        boolean VolleyBallState = cardinfo. getVolleyBallState( ) ;
        boolean ChatState = cardinfo. getChatState( ) ;
        boolean BasketBallState = cardinfo. getBasketBallState( ) ;
        boolean MasterState = cardinfo. getMasterState( ) ;
        boolean DoctorState = cardinfo. getDoctorState( ) ;
        boolean BachelorState = cardinfo. getBachelorState( ) ;
        boolean OtherState = cardinfo. getOtherState( ) ;
        String condition = " insert  into  PersonResume  values( ' " +Name+"' , ' " +Address
        +"' , ' " +Phone +"' , ' " +Email +"' , " +SingState +" , " +DanceState +" , " +
        FootBallState+" , " +VolleyBallState+" , " +ChatState+" , " +BasketBallState+" , "
        +MasterState+" , " +DoctorState+" , " +BachelorState+" , " +OtherState+" ) " ;
```

```
                statementname. executeUpdate( condition) ;
                vecListCard. add( cardinfo. getName( ) ) ;
        }
        catch( SQLException e) {
            System. out. println( e) ;
        }
        this. jListCardList. setListData( vecListCard) ;
        this. clearAll( ) ;
    }
    private void jButtonDeleteActionPerformed( java. awt. event. ActionEvent evt) {
            this. clearAll( ) ;
        }
    private void jListCardListValueChanged( javax. swing. event. ListSelectionEvent evt) {
            String selectedCardName = ( String) jListCardList. getSelectedValue( ) ;
            DBConnection con = new DBConnection( ) ;
        try {
            Statement statementname = con. getCon( ). createStatement( ) ;
            String condition = " select  *  from  PersonResume  where  Name = ' " + selected
            CardName+"' " ;
                ResultSet rs = statementname. executeQuery( condition) ;
                CardInfo cardinfo = new CardInfo( ) ;
                while ( rs. next( ) ) {
                    cardinfo. setName( rs. getString( 1) ) ;
                    cardinfo. setAddress( rs. getString( 2) ) ;
                    cardinfo. setPhone( rs. getString( 3) ) ;
                    cardinfo. setEmail( rs. getString( 4) ) ;
                    cardinfo. setSingState( rs. getBoolean( 5) ) ;
                    cardinfo. setDanceState( rs. getBoolean( 6) ) ;
                    cardinfo. setFootBallState( rs. getBoolean( 7) ) ;
                    cardinfo. setVolleyBallState( rs. getBoolean( 8) ) ;
                    cardinfo. setChatState( rs. getBoolean( 9) ) ;
                    cardinfo. setBasketBallState( rs. getBoolean( 10) ) ;
                    cardinfo. setMasterState( rs. getBoolean( 11) ) ;
                    cardinfo. setDoctorState( rs. getBoolean( 12) ) ;
                    cardinfo. setBachelorState( rs. getBoolean( 13) ) ;
                    cardinfo. setOtherState( rs. getBoolean( 14) ) ;
                    this. setCardInfo( cardinfo) ;
                        }
                }
```

```
        catch(SQLException e){
          System. out. println( e);
        }
    }
```

（10）最后添加一个主激活方法，窗体一打开就调用数据库里的名片数据并显示在界面上。（注意：这些方法名必须让系统自动生成，不能手动输入）

```
    private void formWindowActivated( java. awt. event. WindowEvent evt) {
        DBConnection con = new DBConnection( );
        try{
            Statement statementname = con. getCon( ). createStatement( );
            String condition = "select ∗ from PersonResume ";
            ResultSet rs = statementname. executeQuery( condition);
            while ( rs. next( )){
              vecListCard. add( rs. getString(1));
            }
          this. jListCardList. setListData( vecListCard);
        }
        catch(SQLException e){
         System. out. println( e);
        }    // TODO add your handling code here：
    }
```

名片管理系统功能界面如图 10.3 所示。

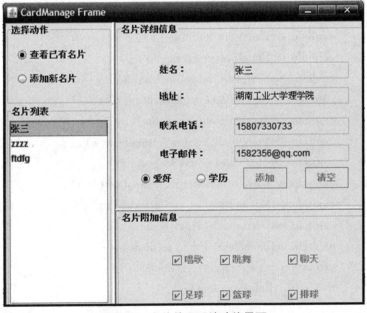

图 10.3　名片管理系统功能界面

（11）将下列代码添加到 CardManage 类的主方法中，就可以从 CardManage 主类直接运行 CardManageFrame 窗体。

```
java. awt. EventQueue. invokeLater( new Runnable( ) {
    public void run( )
    {
        new CardManageFrame( ). setVisible( true) ;
    }
} ;
```

总结：这个项目关键要深刻领会类、对象、方法的基本概念，以及相互之间的引用关系。这样才能做到举一反三，碰到其他类型的 JAVA 项目开发才不至于手足无措。

参考文献

［1］耿祥义，等.Java 面向对象程序设计［M］.北京：清华大学出版社，2020.

［2］明日科技.Java Web 从入门到精通［M］.北京：清华大学出版社，2015.

［3］龙马工作室.ASP+SQL SERVER 组建动态网站实例精讲［M］.北京：人民邮电出版社，2005.

［4］王娟.基于 Java 的 Web 开发技术浅析［J］.数字技术与应用，2017，6(05)：170-171.

［5］李艳杰.基于 JAVA 与 MySQL 数据库的移动端题库练习系统的设计与实现［J］.黑龙江科学，2022，13(02)：56-57.

［6］赵将.Java 语言在计算机软件开发中的应用［J］.数字技术与应用，2023，41(03)：160-162.

［7］贺斌.计算机软件开发中 JAVA 语言的应用研究［J］.中国设备工程，2022，21（11）：247-249.

［8］镇鑫羽，景琴琴.Java 语言程序设计的教学实践［J］.集成电路应用，2022，39(02)：256-257.